全国 CAD 应用培训网络工程设计中心统编教材

计算机绘图（中级）——AutoCAD 2012 版

李启炎　主编

郝泳涛　李　旸　编著

U0336961

同济大学出版社
TONGJI UNIVERSITY PRESS

内容提要

　　真正的计算机辅助设计应该从三维设计着手,产品的造型、结构配置、零部件设计、装配模拟、工程分析加工以及建筑模型的构建与表现等一系列功能都离不开三维建模。本书第一部分作为过渡,着重于巩固和提高AutoCAD 二维功能实战技巧;第二部分的三维建模和渲染,详细、系统地介绍了三维造型,并有丰富的实例,让读者领略到三维设计技术的基本要领,可以进行产品和工程的通用三维设计;第三部分的深入运用,使读者能够更高效地使用、定制和开发 AutoCAD。

图书在版编目(CIP)数据

计算机绘图:中级:AutoCAD 2012 版/李启炎主编;
郝永涛,李旸编著.--上海:同济大学出版社,2013.5(2017.3 重印)
ISBN 978-7-5608-5150-1

Ⅰ.①计…　Ⅱ.①李…②郝…③李…　Ⅲ.①AutoCAD
软件　Ⅳ.①TP391.72

中国版本图书馆 CIP 数据核字(2013)第 085563 号

计算机绘图(中级)——AutoCAD 2012 版

李启炎　主编

郝泳涛　李　旸　编著

责任编辑　姚烨铭　　责任校对　徐春莲　　封面设计　陈益平

出版发行	同济大学出版社　　www. tongjipress. com. cn	
	(地址:上海市四平路 1239 号　邮编:200092　电话:021－65985622)	
经　　销	全国各地新华书店	
印　　刷	同济大学印刷厂	
开　　本	787mm×1092mm　1/16	
印　　张	17.25	
印　　数	8 201—11 300	
字　　数	430000	
版　　次	2013 年 5 月第 1 版　　2017 年 3 月第 3 次印刷	
书　　号	ISBN 978-7-5608-5150-1	

定　　价　36.00 元

把計统机辅助設

計事业办得更好

甲申四月 韓启德

普及计算机辅助设计

迎接人工智能新时代

宋健

前　言

计算机辅助设计(CAD)技术,已经在全国范围内广泛被各行各业所应用,它对企业产品开发能力、技术创新能力的巨大提高作用越来越被广大企业家和技术人员所认识。同时,CAD技术也是21世纪设计人员和技术人员必备的高新技术,它是计算机信息技术与相关专业领域技术相结合的产物。有了它,专业技术人员可以在本专业领域纵横驰骋,挥洒自如地进行各种产品和工程的设计。

真正的计算机辅助设计应该从三维设计着手,产品的造型、结构配置、零部件设计、装配模拟、工程分析加工以及建筑模型的构建与表现等一系列功能都离不开三维建模。本书由浅入深地介绍了通用的计算机三维建模技术和绘图功能,让读者领略到三维设计技术的基本要领。通过本书的学习,读者可以进行一些一般产品和工程的三维设计。由此拓展开去,读者还可以掌握更复杂、功能更齐全的三维设计软件。

本书有以下几个特点:

1. 本书通过详细的实例讲解和循序渐进的指导,使读者对AutoCAD 2012软件二维及三维高级功能有一个全面和深入的了解。

2. 本书在章节编排方面考虑到培训教学的特点,第一部分的二维实战重在实用和技巧提高;第二部分的三维建模和渲染详细系统地介绍了三维造型,并有丰富的实例;第三部分的深入运用使读者能够更高效地使用和开发AutoCAD。

3. 本书以一个虚拟的建筑作品为例,介绍了从二维绘图到三维设计的全过程,书中包含了许多软件使用技巧和绘图方法,使读者在实际绘图中得到事半功倍的效果。

4. 本书以一个机械产品为例,介绍了如何用实体技术构造三维模型,并生成二维工程图纸的全过程,使读者对三维造型方法有更为深刻的理解。

5. 与本书配套的《计算机绘图(中级)习题及实验指导——AutoCAD2012版》,含有丰富的上机实例,可作为本书的辅助用书。

本书由全国CAD应用培训网络工程设计中心主任李启炎教授主编,同济大学CAD研究中心郝泳涛教授、李旸博士共同编写。本书在编写过程中还得到了全国CAD应用培训网络工程设计中心以及二级网点的许多老师的关心和支持,他们提出了非常多的宝贵意见,这些意见我们在改版时都加以了考虑。同济大学许多同志也给予了不少支持和帮助。编者在此由衷地感谢他们。

由于时间仓促以及编写水平有限,书中如有错误和不足之处,望广大专家和读者给予批评和指正。

编者

2013年4月

目　录

第一部分

二维绘图实战技巧

有一些用户可能对AutoCAD有了一定的了解，也掌握了不少AutoCAD的二维命令，但在实际应用过程中，仍然会觉得思绪纷乱，那么，本书的第一部分对你们一定会有所帮助。

第*1*章
AutoCAD 绘图准备

本章从绘制卫生间的设备开始，系统、详细地介绍 AutoCAD 基本工具的使用，为高效绘图打好基础。

1.1　基本设置

一般来说，默认的 AutoCAD 设置基本上能够适合工作需要。但如果对程序有了一定的了解，可以在开始绘图前，对 AutoCAD 进行一些设置，这样就能更好地完成绘图工作。

1.1.1　选项设置

AutoCAD 的"选项"设置中，包括了许多系统的基本参数设置，尽管默认的设置基本能满足需求，但若能掌握它的使用，对实战应用会有很大帮助。

1. 重置 AutoCAD 状态

如果 AutoCAD 的默认设置被修改得有些混乱，甚至不能满足基本使用需要了，那么，可以使用"重置"功能，重置 AutoCAD 状态：

（1）双击桌面上的 AutoCAD2012 快捷图标，或者选择［开始］→［程序］→［Autodesk］［AutoCAD2012-Simplified Chinese］→［AutoCAD2012］，启动 AutoCAD2012；

（2）可以使用"重置"功能，重置 AutoCAD 的状态。

2. 设置模型空间背景颜色

AutoCAD 默认的模型空间背景为黑色，可以采用以下方法改变它。

（1）在"选项"对话框中，单击"显示"选项卡按钮，如图 1-1 所示；

（2）在"窗口元素"组中，单击"颜色"按钮；

（3）出现"图形窗口颜色"对话框，如图 1-2 所示；

（4）确认"背景"和"界面元素"列表为默认选项，单击"颜色"列表，在下拉列表中单击"选择颜色"项，出现"选择颜色"对话框，如图 1-3 所示；

（5）选择"索引颜色"选项卡，选择索引颜色 9（灰色），单击"确定"按钮，关闭"选择颜

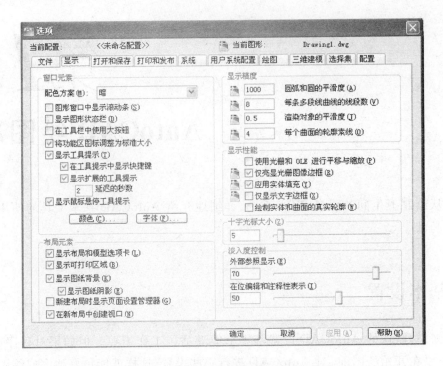

图 1-1　"选项"对话框中的"显示"选项

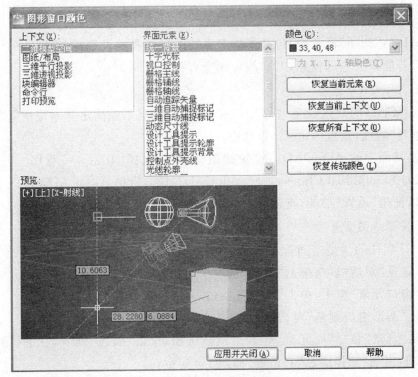

图 1-2　"图形窗口颜色"对话框

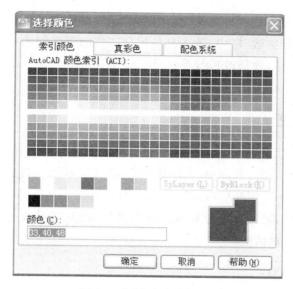

图 1-3　"选择颜色"对话框

色"对话框；

（6）在"图形窗口颜色"对话框中（图 1-2），单击"应用并关闭"按钮，模型空间背景变为新的颜色。

3. 设置文件自动保存

（1）在"选项"对话框中，单击选择"打开和保存"选项卡，如图 1-4 所示；

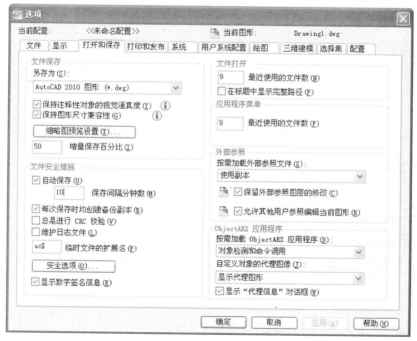

图 1-4　"打开和保存"选项卡

（2）在"文件安全措施"组中,确认"自动保存"选项被选中;

（3）在"保存间隔分钟数"栏中,输入自动保存文件的时间间隔;

（4）单击"应用"按钮,使修改被接受;

（5）单击"确定"按钮,关闭"选项"对话框。

1.1.2　工作空间设置

与 AutoCAD2008 版相比,AutoCAD2012 的界面发生了较大的变化。在缺省状态下,启动后不出现"启动"对话框,主界面的工作空间为"二维草图与注释",在右侧多了一个工作台面板,许多核心命令操作都可以通过工作台面板上的工具按钮来完成。

根据需要,用户可以把界面设置为不同的工作空间,并通过改变 STARTUP 的参数设置来启用或关闭"启动"对话框。

1.1.3　退 出 AutoCAD

在完成了以上的设置后,可以退出 AutoCAD:

（1）选择[文件]→[退出]。出现询问"将改动保存在 Drawing?"对话框;

（2）单击"否"按钮,不保存图形退出 AutoCAD。尽管没有保存图形,但前面所有设置已经保存在 AutoCAD 中了。

1.2　使用图块

一般情况下,为了高效使用 AutoCAD,用户需要建立一个经常使用的图形库。机械设计的图形库可以包括夹具、凸轮、阀门及一系列的实用符号。而建筑制图的图形库一般要包括各种门窗、卫生洁具及家具等相应较为标准的图形。

可以把这些常用的基本图形做成图块,在需要的时候调用它们。

1.2.1　建立图块

使用"创建块"命令可以将图形保存为图块。可以把图形的一部分保存为块,也可以把整个图形内容定义为块:

（1）启动 AutoCAD,打开"卫生间"文件;

（2）选择[绘图]→[块]→[创建](或键入 B 并按回车键);

（3）出现"块定义"对话框,如图 1-5 所示;

（4）在"名称"框内输入"马桶";

（5）在"基点"组中,单击"拾取点"按钮,对话框消失;

（6）使用 Shift+鼠标右键,利用"中点"捕捉功能,选取马桶水箱后边的中点(作为基点);

图 1-5 块定义对话框

（7）此时，"块定义"对话框重新出现；

（8）在"对象"组中，单击"选择对象"按钮，对话框消失；

（9）用窗口方式选择整个马桶并按回车键，对话框再次出现。此时对话框内容如图 1-5 所示；

（10）单击"确定"按钮，结束块创建，现在有了名为"马桶"的图块；

（11）重复步骤（2）、（10），依次定义"浴缸"、"洗脸盆"、"门-1000"图块，"浴缸"图块的基点为矩形左上角点；"洗脸盆"图块的基点为椭圆的中心点；"门-1000"图块的基点为小矩形的右上角点（圆弧的圆心点）。

1.2.2 插入图块

现在使用这些图块组成一个卫生间的平面布置。

1. 绘制卫生间轮廓

（1）单击"修改"工具栏中的"删除"工具；

（2）输入 ALL 并按两次回车键。所有可见的图形消失（它并不影响先前建好的块）；

（3）使用"矩形"工具，画一个 2100×2400 的矩形（卫生间轴线尺寸），左下角点坐标为（1500，900）；

（4）使用"偏移"工具，设定偏移间距为 120（单砖墙厚度），向内复制一个矩形；

（5）使用"删除"工具，删除外围矩形；

(6) 使用"矩形"工具;

(7) 单击矩形左下角,然后键入@1860,600 并按回车键,画出洗脸盆台面位置;

(8) 使用"矩形"工具,在右上角画一个 360×700 的小矩形,结果如图 1-6 所示。

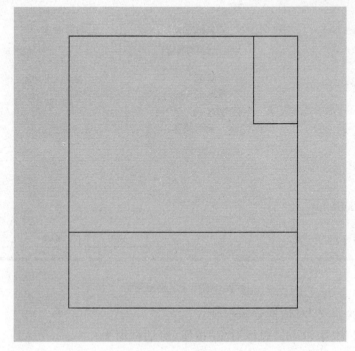

图 1-6 卫生间的平面轮廓

2. 插入图块

建立好卫生间平面轮廓后,下一步可以开始插入图块了:

(1) 选择菜单[插入]→[块],也可单击"工作台"面板上的"绘图"扩展工具条中的"插入块"按钮,出现"插入"对话框,如图 1-7 所示;

(2) 单击展开"名称"列表,选择"浴缸",在"插入点"、"缩放比例"、"旋转"组中,均选择"在屏幕上指定"项,单击"确定"按钮;

(3) 在"指定插入点……"的提示下,选择卫生间的左上角为插入点;

(4) 在"输入 X 比例因子……<1>"的提示下,按回车键接受默认比例 1;

(5) 在"输入 Y 比例因子或<使用 X 比例因子>"提示下,按回车键接受默认值;

(6) 在"指定旋转角<0.0>"提示下,按回车键接受默认值,插入块不做旋转;

(7) 重复以上步骤,插入"马桶",插入基点为(1650,2050),缩放比例为 1,旋转角度为 90°;插入"洗脸盆",插入基点坐标为(2800,1300),比例为 1,旋转角度为 0°。结果如图 1-8 所示。

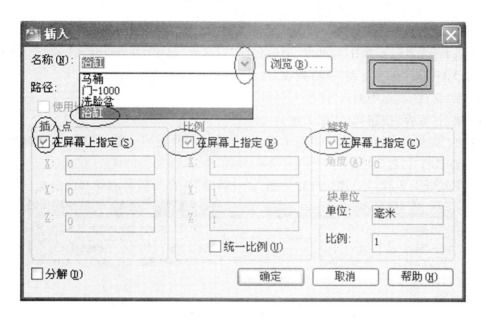

图 1-7 插入对话框

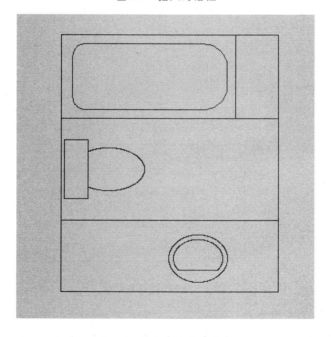

图 1-8 插入了块的卫生间

1.2.3 将内部块保存为外部块

前面的图块均属于内部块,它们只存在于当前的文件中,需要把它们保存为独立的外部块(也就是文件图形文件)后,才能被其他的图形文件调用。

1. 使用输出保存外部块

(1) 选择[文件]→[输出],出现"输出数据"对话框,如图 1-9 所示;

(2) 单击展开"保存类型"下拉列表,选择"块(＊.dwg)"类型;

(3) 在"文件名"框中输入"浴缸";

(4) 单击"保存"按钮,对话框关闭;

(5) 在"输入现有的块名……"提示下,输入"浴缸"并按回车键,这样,内部的"浴缸"块被保存为外部的"浴缸"文件;

(6) 重复以上步骤,分别把内部"马桶"、"洗脸盆"保存为同名的外部图形文件。

图 1-9　输出数据对话框

2. 使用 Wblock 保存外部块

也可以使用"写块"(Wblock)命令来把块保存为文件。与"输出"命令的不同之处是它只能输出 ＊.dwg 格式的文件,不像"输出"命令那样可以输出多种格式:

(1) 键入 Wblock 并按回车键,出现"写块"对话框,如图 1-10 所示;

(2) 在"源"组中,选择"块"选项;

(3) 单击展开"块"列表,选中"门-1000";

(4) 在"目标"组中,单击"文件名称和路径"栏后的按钮,使用默认的"门-1000"名称,在指定文件夹内保存文件；

（5）单击"确定"按钮，对话框关闭。这样，内部块"门-1000"就被定义为了外部图形文件"门-1000"。

图 1-10　写块对话框

3. 指定基点

最后要给当前的卫生间图形设置一个基准点，以备将来把其插入到其他的图形中时使用：

（1）选择［绘图］→［块］→［基点］；

（2）在"输入基点＜0,0,0＞"的提示下，选取卫生间的左上角点；

（3）选择［文件］→［保存］，保存当前文件；

（4）选择［文件］→［退出］，退出程序。

1.3　建立与使用样板

AutoCAD 提供了多种绘图格式的样板，可以根据需要直接使用它们。用户也可以根据需要设定自己的样板文件。

1.3.1 建立样板

前面已经建立了一个在 A4 图纸上绘制 1∶20 比例的图所需的基本格式,现在把它修改一下,保存为样板:

(1) 启动 AutoCAD,打开"卫生间"文件;

(2) 使用删除工具,删除图形内容;

(3) 选择[格式]→[图形界限],设置工作区为 10500×14850;

(4) 选择[工具]→[草图设置],在"草图设置"对话框中,设置栅格间距为 300(使栅格点不至于太密),设置捕捉间距为 100;

(5) 选择[文件]→[另存为],出现"图形另存为"对话框,如图 1-11 所示;

图 1-11　图形另存为对话框

(6) 在对话框中,展开"保存类型"列表,选择"AutoCAD 图形样板文件"(*.dwt),这时,文件默认路径为 AutoCAD 的\Template 文件夹,如图 1-12 所示;

(7) 在"文件名"栏输入"A4-50 文件名";

图 1-12　另存为样板

（8）单击"保存"按钮，出现"样板说明"对话框，如图 1-13 所示；

（9）在"样板说明"对话框输入说明"A4 图纸上绘制 1∶50 比例的图"；

（10）单击"确定"，这样就建立了一个样板。

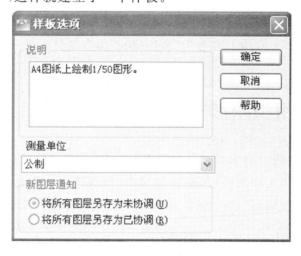

图 1-13　样板说明对话

1.3.2　使用样板

下面绘制旅馆的客房单元平面，可以利用前面建立的样板文件作基础：

（1）选择［文件］→［新建］；

（2）出现"创建新图形对话框"，单击选择"使用样板"选项；

（3）出现"选择样板"列表，右侧同时出现"预览"窗口，最下侧是样板说明；

（4）在列表中选择"A4-50.dwt"，由于这是一个空文件，因此"预览"窗口中没有显示内容，下部的区域中显示出当初建立样板时的说明，如图 1-14 所示；

图 1-14　选择样板

（5）单击"确定"，进入绘图状态，此时，新文件和"A4-50"文件具有同样基本设置；

（6）选择［文件］→［另存为］，命名为"客房单元"保存文件。

1.4　使用图层组织图形

"图层"是一个非常强大的组织工具。当图形复杂时，把不同性质的内容布置在不同的图层里，可以随时打开或关闭某些层，更容易显示、修改图形。在建筑平面绘制中，可以设置不同的图层，分别布置墙、门、窗、轴线、家具、设备、尺寸标注及文本注释等内容。

1.4.1　建立"轴线"层

（1）单击"工作台"面板上的"图层特性管理工具"，或选择［格式］→［图层］，出现"图层特性管理器"对话框，如图 1-15 所示；

（2）在对话框中右面的空白处单击鼠标右键，弹出快捷菜单条，选择单击"新建图层"，列表框中显示出名为"图层 1"的新层；

（3）输入"轴线"，把"图层1"更名为"轴线"；

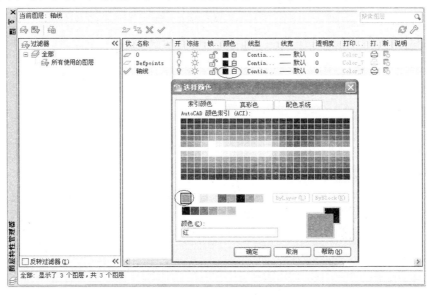

图 1-15 图层特性管理器对话框

（4）双击"轴线"层，把"轴线"置为当前层；设置中包括许多系统的基本参数设置，尽管默认的设置基本能满足需求，但若能掌握它的使用，对实战应用会有很大帮助。

1.4.2 设置"轴线"层颜色

（1）单击"轴线"行的"颜色"列，出现"选择颜色"对话框，如图1-16所示；

图 1-16 选择颜色对话框

（2）选择"红色"作为"轴线"层的颜色。

1.4.3 建立"轴线"层的线型

建筑制图经常用不同的线型来表示不同类型的线,轴线一般用中心线来表示:

（1）在"图层特性管理器"对话框中,单击"轴线"层行的线型列的"Continuous",出现"选择线型"对话框,如图 1-17 所示;

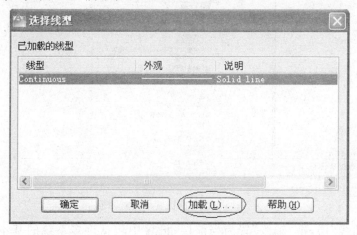

图 1-17　选择线型对话框

（2）此对话框提供了一系列可选用的线型,由于是新文件,当前只有默认的 Continuous 线型,需要加载装入需要的线型;

（3）单击"加载"按钮,出现"加载或重加载线型"对话框;

（4）滚动"可用线型"列表,找到"CENTER"线型,选择它,如图 1-18 所示;

（5）单击"确定",回到"选择线型"对话框,在此对话框中单击选择 CENTER 线型,如

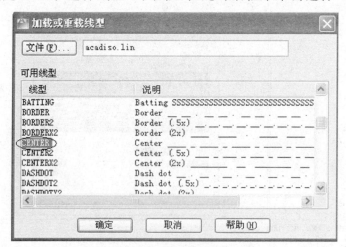

图 1-18　加载线型

图 1-19 所示；

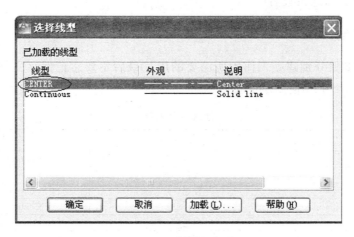

图 1-19　加载的线型

（6）单击"确定"，回到"图层特性管理器"对话框，此时，"轴线"的"线型"列中变成
CENTER 线型；

（7）单击"确定"，退出"图层特性管理器"对话框。

1.4.4　控制线型比例

尽管已经设置了中心线，但若马上在"轴线"层上画线，看起来还可能是连续线，必须放大局部才可能看出效果。这是由于默认的线型全局比例因子为 1，需要调整它：

（1）选择［格式］［线型］，出现"线型管理器"对话框；

（2）单击"显示细节"按钮，在"全局比例因子"编辑框输入 50，如图 1-20 所示；

图 1-20　线型管理器

(3)单击"确定",结束设置。

1.4.5 创建其他图层

重复以上的步骤分别建立工作中所需要的层。最后不要忘记保存文件。

表 1-1 详细列出了其他图层的设置内容。

表 1-1　　　　　　　　　　　　　　图层设置内容

图层名	颜色	线型
尺寸标注	蓝色(5)	Continuous(连续线)
窗	蓝色(5)	Continuous(连续线)
地板	青色(4)	Continuous(连续线)
门	绿色(3)	Continuous(连续线)
墙	白色(7)	Continuous(连续线)
墙-窗上	灰色(9)	Continuous(连续线)
墙-窗下	灰色(9)	Continuous(连续线)
设备	洋红(6)	Continuous(连续线)
文字	白色(7)	Continuous(连续线)
轴线	红色(1)	Center(中心线)

图 1-21 是建好图层的"图层特性管理器对话框"内容。

提示：在建筑制图中以毫米为单位，其长度精度只需保留到整数位，角度保留到小数点后一位。如果是机械或其他制图，则需根据具体情况设定。

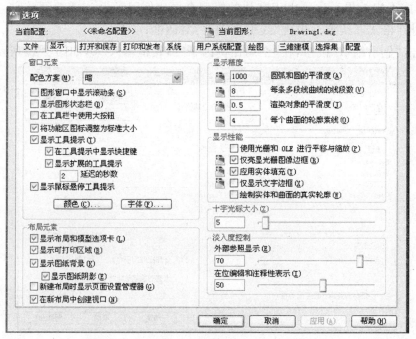

图 1-21　建好图层的"图层特性管理器"对话框

第2章
AutoCAD 绘图与技巧

本章在介绍使用常用的命令绘制一些基本图形的基础上，绘制单元客房及旅馆标准平面过程，其中在命令使用的细节方面可能会简化。

2.1 绘制基本图形

下面使用常用的命令绘制一些基本图形，如马桶、浴缸、洗脸盆、门等。

2.1.1 建立工作区

1. 设置单位

在我国，建筑制图一般使用公制的毫米(mm)为基本单位：

（1）启动 AutoCAD，出现"启动"对话框；

（2）选择"从草图开始"选项，并确认选中了"公制"方式，如图 2-1 所示；

图 2-1 "启动"对话框

（3）单击"确定"按钮，进入绘图状态；

（4）选择［文件］→［另存为］，命名为"卫生间"保存文件；

（5）选择［格式］→［单位］，或键入 Un 并按回车键。出现"图形单位"对话框，如图 2-2

所示；

（6）在"长度"组中，设置"类型"为"小数"，"精度"为"0.0"；

（7）在"角度"组中，设置"类型"为"十进制度数"，"精度"为"0.0"；

（8）单击"确定"，结束设置。

提示：在建筑制图中以毫米为单位，其长度精度只需保留到整数位，角度保留到小数点后一位。如果是机械制图或其他制图，则需根据具体情况设定。

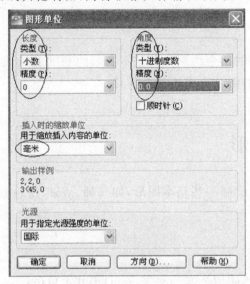

图 2-2　图形单位对话框

2. 设置绘图边界

使用 AutoCAD 的特点之一是可以按 1：1 的比例进行作图，不需提前换算，只要在打印时设定输出比例，就能输出各种比例的图纸了。

但是，标准图纸的尺寸是固定的，如果不注意的话，在打印输出设定的比例下，可能会得到与纸张大小不匹配的结果。为了避免这个现象，建议在绘图前首先设定一个参考的绘图工作区。

设置参考绘图工作区，需要把标准图纸尺寸换算成 1：1 的比例大小。表 2-1 是一个简单的换算表，其他比例或图纸可以参考该表。

表 2-1　　　　　　　　　　根据比例和图纸尺寸确定公制单位下的绘图区域

比例	A0	A1	A2	A3	A4
	1189×841	841×594	594×420	420×297	297×210
1：50	59 450×42 050	42 050×29 700	29 700×21 000	21 000×14 850	14 850×10 500
1：100	118 900×84 100	84 100×59 400	59 400×42 000	42 000×297 000	29 700×21 000
1：200	237 800×168 200	168 200×118 800	118 800×84 000	84 000×59 400	59 400×42 000

换算公式为:绘图区尺寸=输出图纸尺寸/比例。

现在准备在 A4 图纸上绘制 1:20 比例的图形,因此要设定的参考工作区大小为 5940mm×4200mm。下面使用"图形界限"命令设定参考工作区:

(1) 选择[格式]→[图形界限];

(2) 命令行提示"指定左下角点[开(ON)/关(OFF)]<0>";

(3) 按回车键,采用默认的(0,0)为工作区左下角点的坐标;

(4) 命令行提示"指定右上角点<420,297>";

(5) 输入 5940,4200 并按回车键,设置(5940,4200)为工作区右上角点的坐标值;

(6) 选择[视图]→[缩放]→[全部]。虽然视图没有明显变化,但视图边界已改变了(把光标放在视图的右上角,注意状态栏坐标读数)。

2.1.2　使用草图设置

1. 设置捕捉和栅格

栅格背景可以直观地了解绘图的边界及距离,捕捉则能控制光标按指定的间隔移动:

(1) 选择[工具]→[草图设置],出现"草图设置"对话框,如图 2-3 所示;

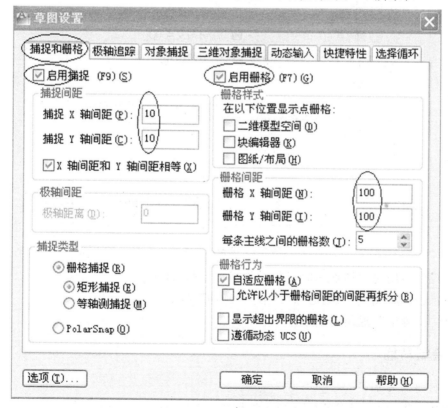

图 2-3　设置捕捉和栅格

（2）单击"捕捉和栅格"选项卡，出现"捕捉和栅格"设置选项；

（3）在"栅格"组中，设置"栅格 X 轴间距"和"栅格 Y 轴间距"均为 100，勾选"启用栅格"，打开栅格显示；

（4）在"捕捉"组中，设置"捕捉 X 轴间距"和"捕捉 Y 轴间距"均为 10，勾选"启用捕捉"，打开捕捉模式。

2．设置对象捕捉

（1）单击"对象捕捉"选项卡，出现对象捕捉设置选项。如图 2-4 所示；

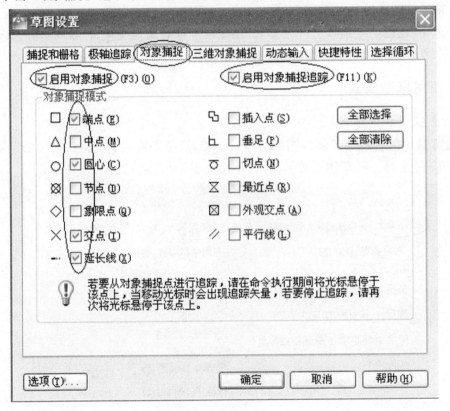

图 2-4　设置对象捕捉

（2）勾选"启用对象捕捉"和"启用对象捕捉追踪"选项；

（3）确认勾选"端点"、"圆心"、"交点"、"延伸"等项；

（4）单击"确定"，退出对话框。

2.1.3　绘制马桶

1．绘制马桶的水箱

（1）在"工作台"面板上的"绘图"工具栏中，单击"直线"工具（或在命令行键入 L 并按回车键）；

（2）命令行提示"指定第一点"；

（3）输入 900,1800 并按回车键，第一点出现在坐标为（900,1800）的地点；

（4）命令行提示"指定下一点或［放弃（U）］"；

（5）输入 @500＜0 并按回车键，画一条向右（0°方向）500 长的直线；

（6）命令行提示"指定下一点或［放弃（U）］"；

（7）输入 @200＜270 并按回车键，画一条向下（270°方向）200 长的直线；

（8）命令行提示"指定下一点或［闭合（C）/放弃（U）］"；

（9）输入 @500＜180 并按回车键，画一条向左（180°方向）500 长的直线；

（10）命令行提示"指定下一点或［闭合（C）/放弃（U）］"；

（11）输入 C 并按回车键，矩形闭合并结束"直线"命令；

（12）这样就画好了一个 500×200 的矩形。

2．画马桶的座

（1）在"工作台"面板上的"绘图"工具栏中，单击最后的小三角图标，在弹出的工具条中单击"椭圆"工具（或在命令行键入 EL 并按回车键）；

（2）命令行提示"指定椭圆的轴端点或［圆弧（A）/中心点（C）］"；

（3）按住 Shift 键，同时在视图区单击右键，在弹出快捷菜单中选择"中点"；

（4）命令行提示"mid 于"；

（5）移动光标到矩形底边，在线段的中间出现捕捉光标，单击鼠标就选择了此中点；

（6）命令行提示"指定轴的另一端点"；

（7）输入 @620＜270 并按回车键，向下（270°方向）定义椭圆一条轴；

（8）命令行提示"指定另一轴的半长或［旋转（R）］"；

（9）输入 180 并按回车键，指定另一轴的半长为 180；

（10）椭圆命令结束。绘制的图形如图 2-5 所示。

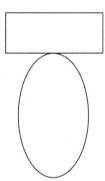

图 2-5　绘制的马桶

3．修改图形

（1）在"工作台"面板上的"修改"工具栏中，单击"移动"工具；

（2）命令行提示"选择对象"；

（3）单击选择椭圆；

（4）命令行提示"选择对象"；

（5）单击右键（或按回车键），结束对象选择；

（6）命令行提示"指定基点或位移"；

（7）在视图区空白处单击左键；

（8）命令行提示"指定位移的第二点或＜用第一点作位移＞"；

（9）键入@130＜90 并按回车键；

（10）移动命令结束，椭圆向上移动到了新位置；

（11）在"工作台"面板上的"修改"工具栏中，单击最后的小三角图标，在弹出的工具栏中选择"修建"工具；

（12）命令行提示"选择剪切边……选择对象"；

（13）单击选择矩形底边；

（14）命令行提示"选择对象"。单击右键结束修剪边选择；

（15）命令行提示"选择要修剪的对象，或按住 Shift 键选择要延伸的对象，或［投影（P）/边（E）/放弃（U）］"；

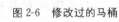

图 2-6　修改过的马桶

（16）单击选择椭圆上端的小椭圆弧，此部分椭圆弧被修剪掉；

（17）按回车键，结束修剪命令。结果如图 2-6 所示。

2.1.4　绘制其他基本图形

前面比较详细地讲解了马桶的绘制过程，下面将比较快地完成浴缸及其他基本图形。

1. 绘制浴缸

（1）使用"直线"工具，画一个 1500×700 的矩形，左下角点的坐标为(900,2400)；

（2）在"工作台"面板上的"修改"工具栏中，单击"偏移"按钮；

（3）命令行提示"指定偏移距离或［通过（T）］＜通过＞"；

（4）输入 75 并按回车键，命令行提示"选定偏移的对象或〈退出〉"；

（5）单击选择矩形右侧边；

（6）命令行提示"指定点以确定偏移所在一侧"；

（7）单击该线段左侧空白处，矩形右边被向内复制；

（8）命令行提示"选定偏移的对象或〈退出〉"；

（9）重复步骤(5)～(7)，依次完成矩形的上下两条边向内偏移复制；

（10）按回车键，结束偏移命令；

（11）按回车键，再次使用"偏移"命令；

（12）重复以上步骤，设定偏移间距为 100，将矩形左边向内偏移复制，结果如图 2-7 所示；

（13）单击"修改"工具栏扩展中的"圆角"按钮；

（14）命令行提示"选择第一个对象或［多段线（P）/半径（R）/修剪（T）/多个（U）］"；

（15）键入 R 并按回车键，表示设定圆角半径；

（16）命令行提示"指定圆角半径＜0＞"；

（17）键入 200 并按回车键；

（18）依次单击内侧矩形的上、右两条线，倒出一个半径为 200 的圆角；

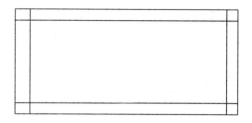

图 2-7　经过偏移复制后的图形

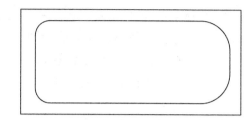

图 2-8　画好的浴缸

（19）按回车键，再次启用圆角命令，依次单击内侧矩形右、下的线段，倒出另一圆角；

（20）按回车键，再次启用圆角命令，重复步骤（15）～（18），设置圆角半径为 100，对另两个边角倒圆角，结果如图 2-8 所示。

2. 绘制洗脸盆

（1）在"工作台"面板上的"绘图"扩展工具条中，单击"椭圆"按钮；

（2）输入 1800,1500 并按回车键（定义椭圆一个轴的端点）；

（3）输入 @500＜0 并按回车键；

（4）输入 200 并按回车键。这样画了一个长轴为 500、短轴为 400 的椭圆；

（5）在"工作台"面板上的"编辑"工具栏中，单击"偏移"按钮；

（6）输入 40 并按回车键，表示设置偏移距离 40；

（7）单击选择椭圆，然后单击椭圆内空白一点，向内复制一个同心椭圆；

（8）按回车键结束偏移命令；

（9）单击"直线"工具按钮；

（10）输入 1700,1400 并按回车键，表示以坐标（1700,1400)点为起点；

（11）输入 @700＜0 并按回车键，画出一条长 700 的直线；

（12）按回车键结束直线命令；

（13）单击"修剪"工具按钮；

（14）依次单击选择小椭圆、直线；

（15）单击右键结束修剪边选择；

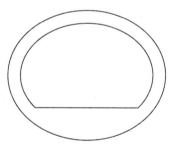

图 2-9　洗脸盆

（16）依次单击椭圆外侧直线、小椭圆圆弧，修剪直线和小椭圆；

（17）按回车键结束修剪命令。绘制图形结果如图 2-9 所示。

3. 绘制门

门是建筑绘图中最常用的图形符号，下面快速地画出它：

（1）在"工作台"面板上的"绘图"工具条中，单击"矩形"工具；

（2）输入 3000,3000 并按回车键（定义矩形左上角点坐标）；

（3）输入 @1000,-50 并按回车键。画出一个 1000×50 的矩形；

（4）选择菜单［绘图］→［圆弧］→［圆心、起点、角度］；

（5）单击选择矩形右上角点作为圆心；

（6）单击选择矩形左上角点为起始点；

（7）输入 90 并按回车键。画一个 90°的圆弧，如图 2-10 所示；

（8）按回车键结束偏移命令。

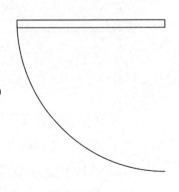

图 2-10　门

4. 保存文件

在继续新的联系之前，不要忘记存盘。

（1）选择［视图］→［缩放］→［全部］，显示全图内容，如图 2-11所示；

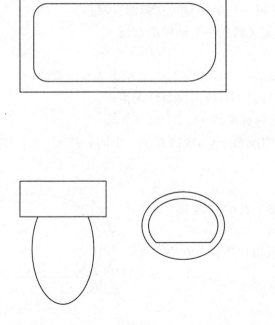

图 2-11　卫生间

（2）选择［文件］→［保存］，保存"卫生间"文件；

（3）选择［文件］→［退出］，退出 AutoCAD。

2.2　绘制客房单元平面

在前面建立要使用图层的基础上，首先建立一个客房单元，然后以此为基础建立旅馆标准层平面。

2.2.1　绘制轴线

(1) 启动 AutoCAD,打开"客房单元"文件;

(2) 确定"轴线"层为当前层;

(3) 使用"直线"工具,画一条水平线,起始点坐标为(1500,3000),长度为 7500;

(4) 使用"直线"工具,画一条垂直线,起始点坐标为(3000,1500),长度为 10500;

(5) 使用"复制"工具,分别多次复制水平及垂直轴线,水平轴线的间距依次为 1200, 4800,2400,垂直轴线的间距为 300,2100,1350,450。完成后的结果如图 2-12 所示。

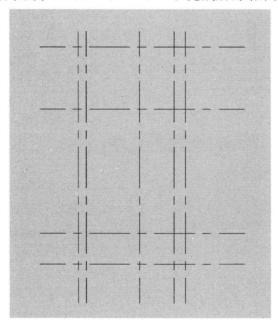

图 2-12　客房单元

2.2.2　绘制墙线

1. 建立多线样式

下面建立两种墙线样式,一种宽 240,一种宽 120:

(1) 把"墙"层设为当前层;

(2) 选择[格式]→[多线样式],出现"多线样式"对话框,如图 2-13 所示;

(3) 单击"新建"按钮,出现"创建新的多线样式"对话框,如图 2-14 所示;

(4) 在"新样式名"编辑框中输入"墙-240",然后单击"继续"按钮,出现"创建新的多线样式:墙-240"参数控制对话框,如图 2-15 所示;

(5) 分别将偏移设为 120 与-120,建立向两侧偏移均为 120 的多线样式;

(6) 在"封口"组中,选择"直线"栏的"起点"和"端点"选项,设定两端口封闭;

图 2-13　多线样式对话框　　　　　　　　图 2-14　创建新的多线样式

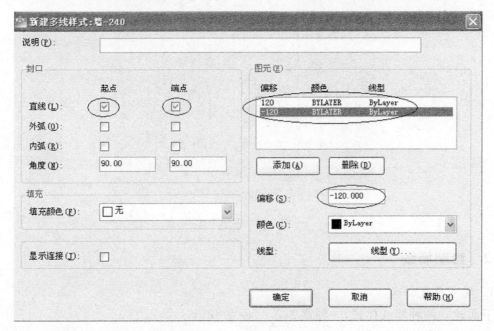

图 2-15　创建新的墙对话框

（7）单击"确定"按钮,这样就创建了一个"墙-240"的多线样式;

（8）重复以上步骤,建立一个向两侧各偏移 60 的名为"墙-120"的多线样式。

2. 使用"多线"画墙线

（1）选择[绘图]→[多线],或直接键入 ML 并按回车键;

（2）命令行提示"指定点或[对正(J)/比例(S)/样式(ST)]";

（3）键入 ST 并按回车键，表示要设定使用的多线样式；

（4）命令行提示"输入多线样式名或［?］"；

（5）键入"墙-240"并按回车键，设置样式为"墙-240"；

（6）命令行提示"指定点或［对正(J)/比例(S)/样式(ST)］"；

（7）键入 J 并按回车键，表示要设定对正方式；

（8）命令行提示"输入对正类型［上(T)/无(Z)/下(B)］＜上＞"；

（9）键入 Z 并按回车键，设置居中对正；

（10）命令行提示"指定点或［对正(J)/比例(S)/样式(ST)］"；

（11）键入 S 并按回车键，表示要设定绘制时使用的比例；

（12）命令行提示"输入多线比例＜20＞"；

（13）键入 1 并按回车键，设置比例为 1；

（14）命令行提示"指定点或［对正(J)/比例(S)/样式(ST)］"；

（15）现在开始在视图中画 240 宽的墙线；

（16）重复使用"多线"工具，设定样式为"墙-120"，对正的方式为"上(T)"，然后画出宽 120 的墙线，结果如图 2-16 所示。

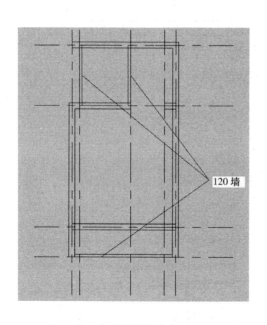

图 2-16　完成墙线的客房

图 2-17　冻结轴线层

3. 编辑多线

使用多线编辑命令，修剪多线相交处：

（1）使用工作台面板上的"图层特性"工具，"冻结"轴线层，如图 2-17 所示；

（2）选择［修改］→［对象］→［多线］；

（3）打开"多线编辑工具"对话框，如图 2-18 所示；

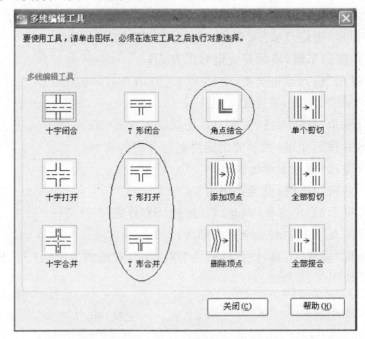

图 2-18　多线编辑工具对话

（4）使用"T 形打开"、"T 形合并"、"角点结合"等工具编辑相交的多线，修改后结果如图 2-19 所示；

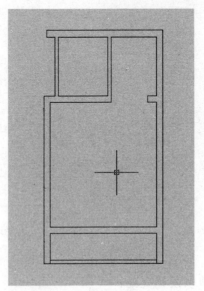

图 2-19　多线编辑后的图形

（5）选择［文件］→［保存］，保存文件。

2.2.3　在墙线上开门窗洞口

"多线"以块的方式存在，使用其他修改命令修改它们之前必须先"分解"它们：

（1）单击修改工具栏中的"分解"工具按钮；

（2）在"选择对象"的提示下，键入 ALL 并按回车键，所有的"多线"被分解；

（3）选择［绘图］→［构造线］；

（4）在"XLINE 指定点或［水平（H）/垂直（V）/角度（A）/二等分（B）/偏移（O）］"的提示下，键入 O 并按回车键；

（5）在"指定偏移距离或［通过（T）］＜通过＞"提示下，键入 750 并按回车键；

（6）在"选择直线对象"提示下，单击上面内墙线；

（7）在"指定要偏移的边提示下"，在墙线下空白处单击，建立一条构造线；

（8）单击刚建立的构造线，然后在它下面空白处单击，建立第二条构造线；

（9）按回车键结束命令，结果如图 2-20 所示；

（10）使用"修剪"工具，修剪墙线和构造线，开出卫生间门洞口；

（11）使用类似或其他方法，开出客房入口门洞以及客房与阳台之间的落地门窗的洞口；入户门洞与右侧内墙线的间距为 450，门洞宽 1000，阳台落地洞口与左、右侧内墙线的间距为 180，门洞口宽 3600。开好门窗洞口的结果如图 2-21 所示。

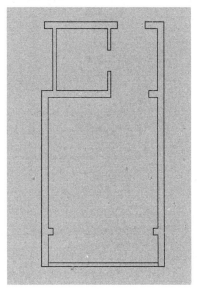

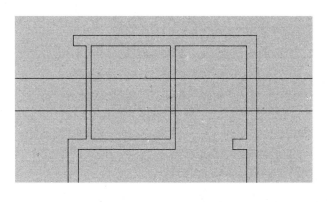

图 2-20　建立参照线　　　　　　　　　图 2-21　开好门窗

2.3 加工图形

2.3.1 插入块

1. 插入卫生间块

(1) 单击"插入块"工具按钮,出现"插入"对话框;

(2) 单击"浏览"按钮,找到"卫生间"文件并打开它,回到"插入"对话框;

(3) 在"插入点"组中,选择"在屏幕上指定"选项;在"缩放比例"和"旋转"组中,取消"在屏幕上指定点"选项,如图 2-22 所示;

(4) 单击"确定"按钮,插入对话框消失;

(5) 单击选择客房单元左上角内墙线交点作为插入基点,如图 2-23 所示;

(6) 选择[修改]→[特性],或单击"对象特性"工具;

(7) 出现"特性"对话框,如图 2-24 所示;

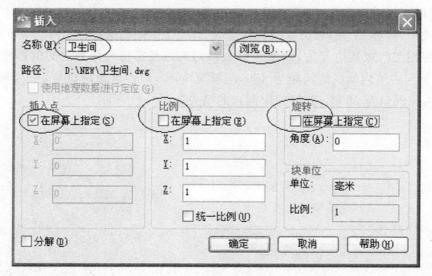

图 2-22 准备插入卫生间块

(8) 用鼠标选择刚插入的图块,"特性"对话框中的内容发生变化,显示出当前被选中对象(块)的各种特性参数,"特性"对话框可用来改变对象的层、颜色、线型,以及块的插入点、比例和旋转角度;

(9) 单击"图层"栏后的下栏箭头,在层列表中,选择"设备"层;

(10) 视图中被选择的图块颜色改变了,它现在被改到"设备"层中了;

(11) 关闭对话框;

(12) 键 Esc 键,取消对象选择状态。

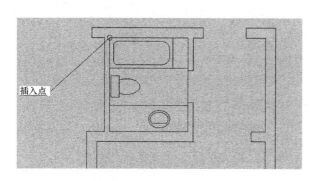

插入点

图 2-23　插入卫生间文件

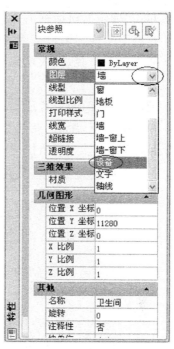

图 2-24　修改对象的图形特性

2．插入门

（1）设"门"层为当前层，选择［插入］→［块］，出现"插入"对话框；

（2）单击展开名称列表，选择"门-1000"；

（3）在"插入点"、"缩放比例"、"旋转"组中，均选择"在屏幕上制定"选项，如图 2-25 所示；

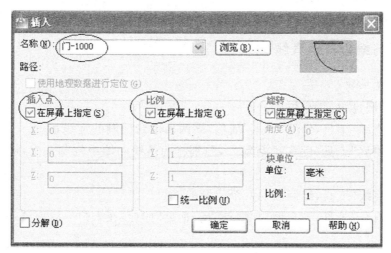

图 2-25　插入门

(4) 单击"确定",对话框消失;

(5) 选择卫生间门洞口上墙线的内角点插入块,设置因子为 0.75,旋转角度为 0°;

(6) 重复以上步骤,插入单元进户门,插入基点为门洞口墙线的中点,比例因子为 1,旋转角度为 90°;

(7) 此时,进户门的位置还不正确,选择进户门使其亮显;

(8) 单击插入点,激活"夹点"模式;

(9) 单击鼠标右键,弹出快捷菜单,选择"镜像"选项,如图 2-26 所示;

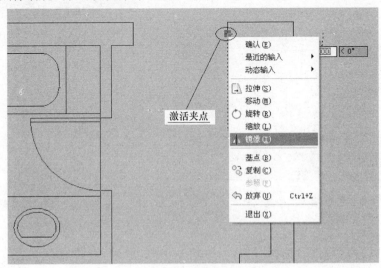

图 2-26 夹点模式镜像门

(10) 利用极轴追踪或正交方式,垂直向上移动鼠标并单击,门被镜像;

(11) 键 Esc 键,退出夹点模式。

2.3.2 绘制与编辑其他直线

1. 完成其他线段

(1) 把"窗"层设为当前层;

(2) 使用"直线"工具,借助"端点"捕捉,画两条阳台门洞的连线;

(3) 使用"偏移"工具,设置间距为 90,分别将两条线向墙中复制一次,这两根线代表推拉门框;

(4) 使用"直线"工具,绘制其他两个门洞的连线;

(5) 使用"直线"工具,结合使用"端点"及"垂足"捕捉,在入户门后面画一条代表壁橱的直线;

(6) 使用"特性"工具,把门洞、窗洞的连线改变到"墙-窗上"层上;把代表推拉门窗的线改到"窗"层上;把阳台墙线改到"墙-窗上"层上;把代表阳台栏板的墙线改到"墙-窗下"层上;把门后的壁橱连线改变到"设备"层上。

2. 调整

现在基本上完成客房单元平面图了,为了以后方便插入此图形,组成旅馆标准层平面。现在作一些局部的调整:

(1) 解冻"轴线"层;

(2) 选择[绘图]→[块]→[基点],选择阳台左下角轴线交点为基点;

(3) 使用"修剪"工具,把最外侧两条垂直轴线以外的水平线段修剪掉;

(4) 使用"删除"工具,删除客房两侧的外墙线,删除所有轴线,结果如图 2-27 所示;

(5) 选择[文件]→[保存],保存文件。

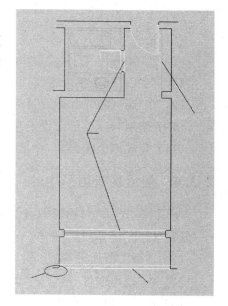

图 2-27 调整好的客房单元

2.3.3 建立楼梯间

在以上绘图过程中,我们使用了初级学习的许多命令。下面尝试独立完成楼梯间绘图工作,深入掌握整个作图过程。

请按图 2-28 所示的尺寸完成楼梯间。主要步骤如下:

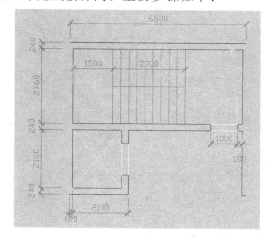

图 2-28 楼梯平面图

(1) 以"客房单元"文件为原型,建立新文件"楼梯间"(打开"客房单元"文件,选择[文件]→[另存为],以"楼梯间"为新文件名保存);

(2) 使用"删除"工具删除整个"客房单元"文件中的图形;

(3) 在"轴线"层上建立水平间距为 2400,4500 垂直轴线,垂直间距为 2100,3000 的水平轴线;

(4) 使用"多线"在"墙"层上画 240 墙线；

(5) 建立"楼梯"新层(颜色为 Blue)，并在其上用"阵列"画楼梯线，间距为 300；

(6) 使用"分解"工具分解多线；

(7) 使用"修剪"工具修剪出电梯及楼梯门洞；

(8) 在"门"层上插入楼梯门，比例为 1，旋转角度为 -90°；

(9) 在"墙-窗上"层画门洞口窗上墙线；

(10) 使用"基点"命令设定左下角外墙线的端点为基准点；

(11) 完成以上图形后，命名"楼梯间"保存文件。

2.3.4 使用现有图形中的内容建立新图

使用"输出"命令，将"楼梯间"文件中的部分图形输出成一个单独的"辅助楼梯"文件：

(1) 打开"楼梯间"文件；

(2) 选择[文件]→[输出]；

(3) 在"输出文件"对话框，选择"块(.dwg)"类型，命名为"辅助楼梯"保存；

(4) 在"[=(块=输出文件)/*(整个图形)]<定义新块>"提示下，按回车键。表明把图形中的一部分输入为一个文件；

(5) 在"指定插入点"提示下，单击楼梯间的右下角，定义新图的基点；

(6) 在"选择对象"提示下，用窗口选择楼梯部分。注意要把门及门梁，以及门垛也选择上，如图 2-29 所示；

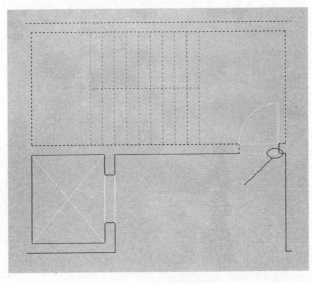

图 2-29 选中将作为"辅助楼梯"的内容

(7) 按回车键，确认选择，选中部分消失；

(8) 因为这些消失的内容以后还要用，所以键入 OOPS 并按回车键，取回消失的内容。

2.4 组合图形

目前已经建立了标准客房单元和楼梯间的图形,下面把它们组合成旅馆标准层平面。首先建立名为"标准平面"的新文件,然后插入"客房单元"文件并加以编辑。新文件的图形按1∶100比例绘制在A2的图纸上,从表2-1中查出工作区域应为59400×42000。

2.4.1 使用向导建立图形文件

新版程序依然提供了老版本的使用向导的方式来创建新文件,如果在程序启动时没有出现"启动"对话框,用户可以通过设置STARTUP的参数来调用。

(1)启动AutoCAD;

(2)使用键盘命令输入STARTUP并按回车键,提示"输入STARTUP的新值<0>:";

(3)输入1并按回车。使用向导创建新图形的对话框打开;

(4)选择[文件]→[新建];

(5)出现"创建新图形"对话框,如图2-30所示;

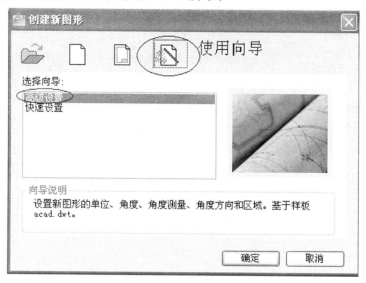

图 2-30 使用向导

(6)选择"使用向导"选项,在列表中选择"高级设置",单击"确定"按钮;

(7)进入"单位"设置对话框,保留"小数"单位默认设置,设置精度为"0",如图2-31所示;

(8)单击"下一步",进入"角度"设置对话框,保留"十进制度数"默认设置,设置精度为"0.0",如图2-32所示;

(9)单击"下一步",保留"角度测量"默认设置;

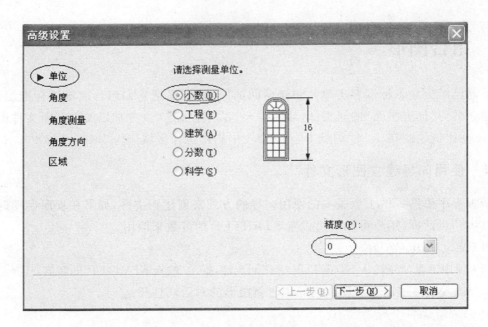

图 2-31　单位设置

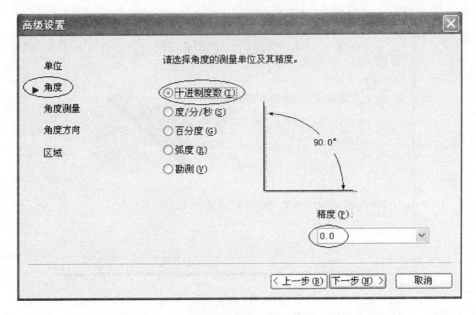

图 2-32　角度

（10）单击"下一步"，保留"角度方向"默认设置；

（11）单击"下一步"，进入"区域"设置对话框，设置宽度为 59400，长度为 42000，如图 2-33所示；

（12）单击"完成"按钮，进入绘图状态；

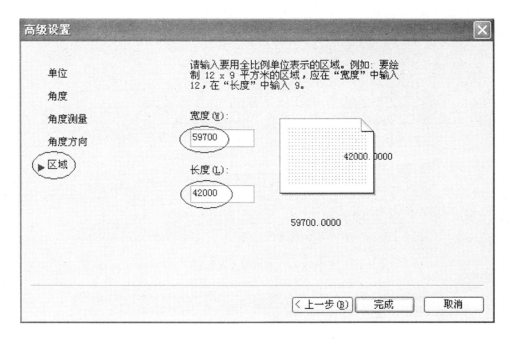

图 2-33 区域设置

(13) 选择［文件］→［保存］,命名为"标准平面"保存。

2.4.2 绘制标准层

1. 画轴线

(1) 选择［工具］→［草图设置］;

(2) 设定捕捉间距为 300,栅格间距为 1500;

(3) 选择［视图］→［缩放］→［全部］,显示全图;

(4) 选择［格式］→［图层］;

(5) 建立"轴线"层,颜色为"红色",线型设为"CENTER",并将"轴线"层设为当前层;

(6) 选择［格式］→［线型］;

(7) 设置"全局比例因子"为 100;

(8) 使用"直线"工具,画一条水平线,起始点坐标为(6000,12000),长度为 46500;

(9) 继续使用"直线"工具,画一条垂直线,起始点坐标为(9000,9000),长度为 24900;

(10) 使用"复制"和"镜像"工具,完成多条水平及垂直轴线;

(11) 水平轴线的垂直间距依次为 1200,4800,2400,2100,2400,4800,1200;

(12) 垂直轴线的水平间距依次为 4×4200,6600,4×420,结果如图 2-34 所示。

2. 插入"客房单元"

(1) 使用"图层特性管理器"工具,建立新图层"平面",把"平面"层设为当前层;

(2) 使用"输入块"工具,在"插入"对话框中单击"浏览"按钮,找到并打开"客房单元"文件;

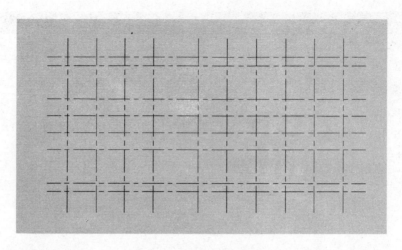

图 2-34　标准平面的轴线

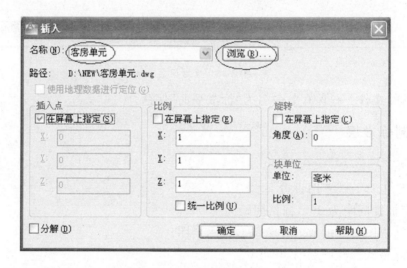

图 2-35　插入"各房单元"对话框

（3）回到"插入"对话框，确认设置如图 2-35 所示；

（4）单击"确定"按钮，对话框消失；

（5）选择第一条水平轴线与第二条垂直轴线的交点插入"客房单元"的图形文件，结果如图 2-36 所示。

3．组合图形

（1）选择［视图］→［缩放］→［窗口］，放大客房单元平面图；

（2）使用"镜像"工具，选择刚插入客房单元并按回车键；

（3）在"指定镜像线的第 1 点"的提示下，选择第二条垂直轴线的一个端点；

（4）在"指定镜像线的第 2 点"的提示下，选择此轴线的一个交点；

（5）在"是否删除源对象？［是（Y）/否（N）］＜N＞"的提示下，按回车键，接受默认不删除，结果如图 2-37 所示；

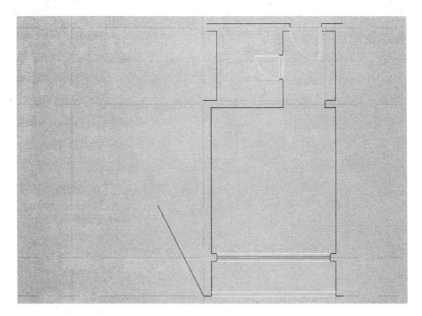

图 2-36　插入一个"客房单元"

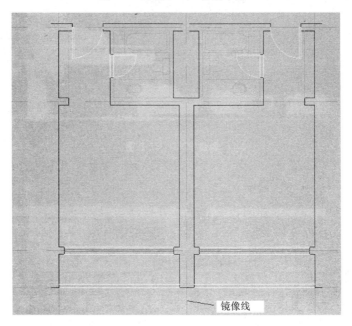

图 2-37　镜像后的两个客房单元

（6）按回车键，再次使用"镜像"，选择这两个客房单元并单击右键结束对象选择；

（7）在"指定镜像线的第1点"的提示下，按下 Shift 键，同时单击鼠标右键在快捷菜单中选择"自(F)"；

（8）然后单击选择第四条水平轴线的左侧端点，键入 @1050<90 并按回车键；

（9）借助极轴追踪辅助，水平拖动鼠标并单击，如图 2-38 所示；

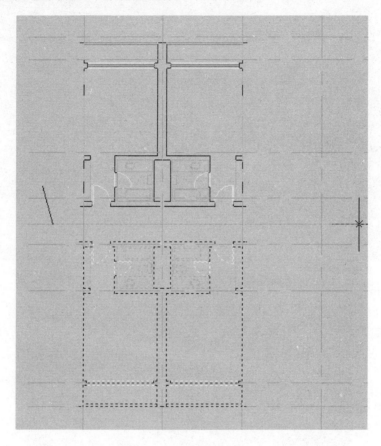

图 2-38　镜像两个客房单元

（10）按回车键，不删除源对象；

（11）使用"复制"工具，选择四个客房单元并按回车键；

（12）输入 M 并按回车键，使用重复复制；

（13）在"指定基点"提示下，单击选择第一条垂直轴线的端点；

（14）在"指定位移的第 2 点或<用第一点作位移>"提示下，依次单击第 3、6、8 垂直轴线的端点进行多次复制，单击右键结束复制；

（15）使用"插入块"工具，把"楼梯间"和"辅助楼梯"插入，如图 2-39 所示；

（16）选择［文件］→［保存］，保存文件。

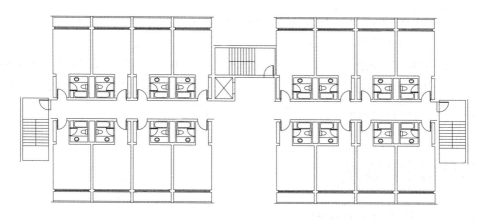

图 2-39　冻结"轴线"层后的平面图

2.5　视图控制

　　在 AutoCAD 中,除了使用"缩放"和"平移"功能来控制视图显示,还有其他工具可以用来控制图面的显示。

2.5.1　"冻结"与"关闭"层

　　前面讲过,有时可能希望关掉一些层,只保留那些需要的层。在"图层特性管理器"对话框中,提供了"关闭"与"冻结"选项,它们看起来有些类似,但并不相同。

　　做下面的练习,了解一些区别:

　　(1) 单击"图层特性管理器"工具,打开对话框,把 0 层设为当前层;

　　(2) 单击"关闭"平面层,灯泡灭了,表示此层被关闭;

　　(3) 单击"确定"退出对话框,看到图形没有变化;

　　(4) 按回车键,打开"图层特性管理器"对话框;

　　(5) 单击"打开"平面层,然后"冻结"它,太阳变成了灰色的雪花,此层被冻结;

　　(6) 单击"确定"退出对话框,发现被插入的"卫生间"、"楼梯"等内容消失了,这表明"关闭"不影响图层上的插入块,"冻结"却关掉了该层上所有内容;

　　(7) 按回车键,打开"图层特性管理器"对话框;

　　(8) "解冻"所有图层,然后"冻结"除 0 和平面以外的所有层;

　　(9) 单击"确定"退出对话框,发现所有内容都消失了,这说明"冻结"对插入图块的作用,既受"平面"层(插入时的当前层)控制,也受它们各自原有的图层控制;

　　(10) 按回车键,打开"图层特性管理器"对话框,"解冻"所有图层;

　　(11) 单击"确定"退出对话框;

　　(12) 保存文件。

另外要注意,在"关闭"与"冻结"状态下执行"重生成"命令时,用时会有所差别。对于大的图形文件,差别比较明显。

上述练习说明了"冻结"一个层对块的影响,当一个块所在的层被"冻结",不管这个块中的实体是否还分派到了其他层,此时,整个块就不见了。插入块所在层未被"冻结"时,块上实体还要受各自所在的图层状态影响。

2.6 使用图案填充

2.6.1 在指定区域内填充图案

图案最好布置在单独的一层,这样可以在必要的时候将其关闭或冻结,既可以减少图形重新生成的时间,又不干扰其他的信息。下面练习在卫生间内加入表示地砖的图案线。

(1) 打开"客房单元"文件,并放大卫生间区域;

(2) 把"地砖"层设为当前层;

(3) 单击"图案填充"工具,出现"图案填充和渐变色"对话框,如图 2-40 所示;

图 2-40 图案填充对话框

（4）在"类型和图案"组中,展开"类型"列表并选择"用户定义",此选项允许用户定义一个简单的网格图案;

（5）在"角度和比例"中,选择"双向"选项,设置"间距"为200;

（6）在"边界"组中,单击"拾取点"按钮,对话框消失;

（7）单击卫生间区域内马桶右侧任意一点;

（8）按回车键,返回对话框;

（9）单击"预览"按钮。图案出现,但开门弧线处缺少部分图案;

（10）键 Esc 键,返回对话框;

（11）单击"拾取点"按钮,对话框消失;

（12）单击开门范围内一点,然后单击右键,在快捷菜单中选择"预览"项;

（13）图案填充正确,单击右键,结束命令,图 2-41 所示为图案填充结果。

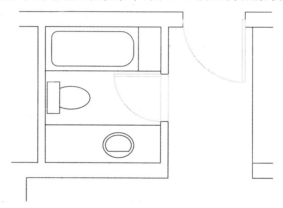

图 2-41 插入"客房单元"对话框

2.6.2 图案的精确定位

在前面的练习中,图案填充线开始的位置可能不理想。默认条件下,"图案填充"的基点与坐标原点相同,用户可以使用 SNAPBASE 来改变图案线的基点:

（1）使用"删除"工具,删除卫生间图案填充线;

（2）在命令行输入 SNAPBASE 并按回车键;

（3）在"输入 SNAPBASE 的新值<0,0>"提示下,单击选择浴缸的右下角点;

（4）单击"图案填充"工具,出现"图案填充和渐变色"对话框,如图 2-42 所示;

（5）在对话框的"类型"下拉表中确认选择了"预定义",单击"图案"栏后的按钮,出现"填充图案选项板"对话框,如图 2-43 所示;

（6）单击"其他预定义"选项卡,选择"ANGLE"图案;

（7）单击"确定",回到"图案填充和渐变色"对话框;

（8）将"比例"设置为30;

图 2-42　图案填充对话框

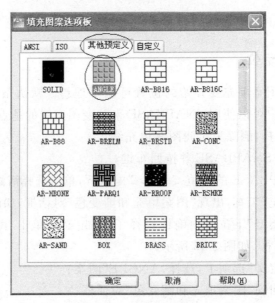

图 2-43　选项板对话框

(9) 单击"拾取点"按钮;

(10) 定义的卫生间填充区域,图案精确地填充,如图 2-44 所示;

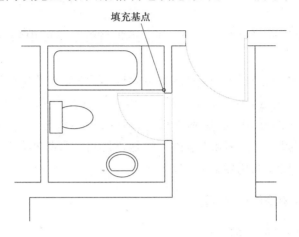

图 2-44　精确卫生间

(11) 保存并关闭"客房单元"文件。

2.7　图块的更新

使用修改好的"客房单元"文件来代替先前插入的块,AutoCAD 可以自动更新所有的"客房单元"块:

(1) 打开"标准平面"文件;

(2) 单击"插入块"工具,出现"插入"对话框;

(3) 单击"浏览"按钮,找到并打开已经修改过的"客房单元";

(4) 回到"插入"对话框,单击"确定"按钮;

(5) 出现一个警告信息,提示是否更新定义,如图 2-45 所示;

图 2-45　客房单元重定义对

(6) 单击"是",图形内容更新;

(7) 在"插入点……"的提示下,按 Esc 键退出插入;

(8) 放大客房,可以看到该单元中卫生间有了底板的阴影线。

2.8　使用外部参照

"外部参照"与"块"的不同之处是它的内容并非当前数据库中的一部分,仅仅只是在打开文件时被"装入"。

保持"外部参照"文件相对于当前文件的独立性,在外部参照文件中所作的任何修改都会自动地在当前文件再出现,不需要重新插入更新。它的另一个优点是,由于并没有真正成为图形数据库中的一部分,因此,图形文件可以保持较小状态。

"外部参照"文件与块一样不能被编辑。但是,可以使用辅助功能来捕捉追踪它们中的实体,冻结和关闭等图层控制仍然影响它。

2.8.1　插入"DWG 参照"的文件

通过下面的练习来了解外部参照:

(1) 打开"客房单元"文件,选择[文件]→[另存为],命名为"客房单元-DWG 参照";

(2) 打开"标准平面"文件,使用[文件]→[保存为],命名为"标准平面-DWG 参照";

(3) 使用"删除"命令删除轴线以外的所有实体;

(4) 选择[文件]→[图形实用工具]→[清理],出现"清理"对话框,如图 2-46 所示;

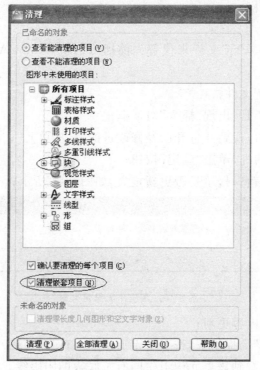

图 2-46　清理对话框

（5）选择"块"，并选择"清理嵌套项目"；

（6）单击"清理"按钮。出现"确认清理"对话框；

（7）单击"全部是"按钮，所有没用的图块被清理；关闭"清理"对话框；

（8）选择［插入］→［DWG 参照］，找到并打开"客房单元-DWG 参照"文件，出现"外部参照"对话框，如图 2-47 所示；

（9）单击"确定"按钮，对话框消失，像前面使用块一样插入图形，然后使用镜像及拷贝进行编辑，重新建立平面图；

（10）保存并关闭"标准平面-DWG 参照"文件；

（11）打开"客房单元-DWG 参照"文件；

（12）删除卫生间地面的图案填充，然后保存文件；

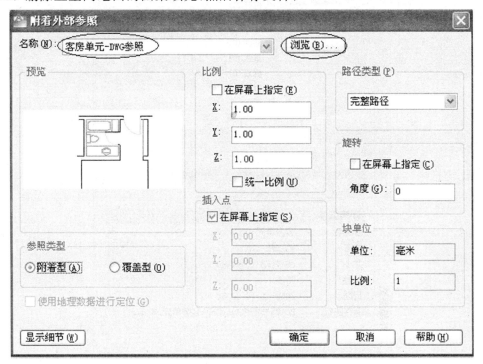

图 2-47　DWG 参照对话框

（13）再次打开"标准平面-DWG 参照"文件，发现刚才插入的外部参照文件自动变成新的内容（卫生间图案填充没有了）。

2.8.2　"外部参照"与"块"的区别

"外部参照"与"块"之间的其他区别如下：

（1）外部参照文件中带来的新层、线型以及字形都不会成为当前文件的一部分，若想使之成为真正的当前内容，必须使用"外部参照管理器"中的"绑定"命令；

　　(2) 外部参照文件的层名与当前的文件层名有区别,在层名前加上其文件名为前缀,并用一条竖线分开;

　　(3) 外部参照文件不能被分解,必须先把它转化成块才能分解,可以通过菜单[插入]→[外部参照]命令,打开"外部参照"管理器(图 2-48),选中参照文件,单击右键,使用"绑定"选项,可以把它转化为块;

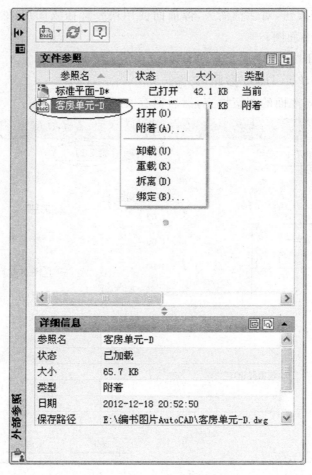

图 2-48　外部参照管理器

　　(4) 如果外部参照文件名称或地址改变了,打开调用这个外部参照文件的图形时会找不到它,需要使用"外部参照"管理器对话框中的"附着"选项,再次定位外部参照文件。

　　"外部参照"特别适用于多个人员协同工作,某个成员的修改可以在引用了这些文件的图形中自动更新。

三维建模与渲染

　　通过第一部分的实战练习，用户已经可以完成许多二维制图工作。本书第二部分将教用户学会AutoCAD的三维建模功能和图像功能，把用户的设计思想变成可视的计算机三维模型，使设计结果更直观、生动。AutoCAD可以创建三种类型的三维模型，即线框模型、曲面模型和实体模型。线框模型只给出了三维模型的线框轮廓，没有面和实体的信息；曲面模型表示了模型的曲面，而实体模型则表示了所包围的整个空间体。

第3章

三维基础知识

本章介绍三维建模的基础知识,包括坐标系统、观察视图标高、厚度等,以及用户坐标系 UCS 的使用。

3.1 三维工作环境

AutoCAD 提供了三维样板和三维工作空间,使用户轻松进入三维操作和显示的工作环境。图 3-1 为使用三维样板和三维工作空间后的系统界面。

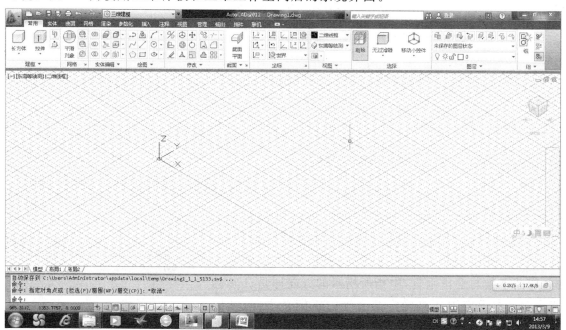

图 3-1 ACAD3D.dwt 样板

(1)选择菜单[文件]→[新建],在"选择样板"对话框中,选择 CAD3D.dwt,并单击"打开"按钮;

（2）工作空间工具栏中选择"三维建模"。默认情况下,栅格打开,可看到透视的效果。绘制的三维模型也以"真实感"的视觉效果显示。为了使绘图区域更大,可将选项板关闭,用户也可以修改选项板和工具栏的设置。如果是早期版本 AutoCAD 的用户,可以在工作空间工具栏中选择"AutoCAD 经典",使用原来熟悉的界面。

3.2 三维坐标系统

AutoCAD 的坐标系统采用的是笛卡尔坐标系,下面介绍有关的概念。

3.2.1 笛卡尔坐标系

笛卡尔坐标系是由相互垂直的三个坐标轴（X 轴、Y 轴和 Z 轴）来组成的,如图 3-2 所示。三个坐标轴的交点称作坐标原点 O,其中 XOY,YOZ,ZOX 分别表示三个相互正交的平面。在 AutoCAD 中固定坐标系称为 UCSC(世界坐标系)。

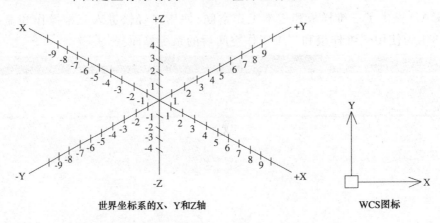

世界坐标系的X、Y和Z轴   WCS图标

图 3-2　世界坐标系的 X、Y 和 Z 轴表示及屏幕上显示的图标

其中三个轴的正向遵守右手定则,即已知 X 轴和 Y 轴的正方向,就可确定 Z 轴的正方向。如图 3-3（a）所示,伸开右手,拇指指向 X 轴的正方向,食指指向 Y 轴正方向,弯曲中指与食指垂直,中指所指示的方向即是 Z 轴的正方向。右手定则还可确定某个轴的正旋转方向,如图 3-3(b)所示,右手握住轴并且使拇指指向轴的正方向,四指弯曲的方向即是轴的正旋转方向。

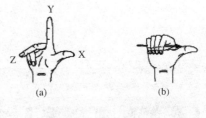

图 3-3　右手定则

3.2.2 坐标格式

输入点的坐标值有三种格式,分别为直角坐标、柱坐标和球坐标,表 3-1 给出了这些格式的含义及表示形式。

表 3-1 坐标格式

格式名称	绝对坐标形式	相对坐标形式(绝对坐标前加@)	举例
直角坐标	[X],[Y],[Z]	@[X],[Y],[Z]	3,2,5
极坐标	[距离]<[角度]	@[距离]<[角度]	5<60
柱坐标	[XY平面上的距离]<[与X轴的夹角],[Z轴上的距离]	@[XY平面上的距离]<[与X轴的夹角],[Z轴上的距离]	5<60,6
球坐标	[距离]<[与X轴的夹角]<[与XY平面的夹角]	@[距离]<[与X轴的夹角]<[与XY平面的夹角]	8<60<30
WCS坐标	坐标形式前加*	@后加*	

注:在坐标前加 * 前缀表示世界坐标系下的坐标值。

如图 3-4 所示,直角坐标 3,2,5 表示点沿 X 轴方向 3 个单位,沿 Y 轴方向 2 个单位,沿 Z 轴方向 5 个单位。柱坐标可以理解为用该点在坐标系及 Z 坐标来表示,柱坐标 5<60,6 表示该点投影到 XY 平面后与原点距离为 5,与 X 轴夹角为 60°,并且到 XY 平面的距离(Z 坐标)为 6。球坐标格式需要表示出点到原点的距离,点与原点的连线在 XY 平面上的投影与 X 轴的夹角,以及该点到原点的连线与 XY 平面的夹角,球坐标 8<60<30 表示点到坐标系原点距离为 8,点与原点的连线在 XY 平面上的投影与 X 轴夹角为 60°,与 XY 平面的夹角为 30°。

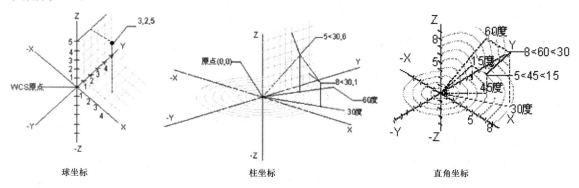

球坐标　　　　　　　　柱坐标　　　　　　　　直角坐标

图 3-4 三种坐标格式

例如将对象沿 Z 轴正向移动 30 个单位,在输入确定位移的第二点时,用直角坐标表示应键入@0,0,0,30,用柱坐标格式表示则键入@0<0,30,用球坐标格式表示则键入@30<0<90。

3.3 三维视图

计算机通过生成模型的投影视图来显示三维模型的视觉效果,投影包括平行投影和透视投影,下面介绍三个生成平行投影视图的命令。VIEW 命令用于显示标准正交视图和等轴侧视图,VPOIN 命令通过指解点来得到三维视图,DDVPOINT 快速预制视点。

3.3.1 标准视图与等轴测试图

工具栏:"视图"

下拉式菜单:[视图]→[三维视图]

命令行:VIEW

标准视图即为制图学中所说的"正投影视图",分别指俯视图(将视点设置在上面)、仰视图(将视点设置在下面)、左视图(将视点设置在左面)、右视图(将视点设置在右面)、主视图(将视点设置在前面)和后视图(将视点设置在后面)。等轴侧视图是指将视点设置为等轴测方向,即从 45°方向观测对象,分别有西南等轴测、东南等轴测、东北等轴测和西北等轴测。AutoCAD 的默认显示视图为 XY 平面视图,是从 Z 轴正方向无穷远处向 Z 轴负无穷远处看去得到的投影,也就是俯视图。图 3-5 所示为视图工具栏,中间 10 个立方体图标分别代表 6 个标准视图和 4 个等轴侧视图,阴影面表示投影平面。

图 3-5 "视图"工具栏

3.3.2 视点命令(VPOINT)

下拉式菜单:[视图]→[三维视图]→[视点]

命令行:VPOINT

当前视图方向:VIEWDIR= 0. 0000,0. 0000,1. 0000

指定视点或[旋转(R)]<显示坐标球和三轴架>:

VPOINT 命令可以确切指出任意视点的位置,并提供了三种方式来完成。

1. 直接输入视线方向

指定视点或[旋转(R>}<显示坐标球和三轴架>:输入视点坐标

在命令提示下输入 1,1,1 表示视线方向为所观察物体的右后上方,视线方向始终为从视点向原点(0,0,0)看去。

注:可以认为把坐标架原点放置于物体中心,视点只定义观察方向,不表示距离。

2. 在罗盘上设定视点

指定视点或[旋转?]＜显示坐标球和三轴架＞:回车

在命令提示下直接回车,则屏幕右上角显示一个坐标球罗盘,屏幕中心显示一个坐标系三轴架,如图 3-6 所示。将鼠标放在罗盘内,使鼠标形状为十字,在罗盘中移动坐标到坐标架的变化。

鼠标在罗盘中的位置就定义了视点的位置,下面用图 3-7 来理解罗盘表示的含义。把罗盘看成是地球的二维表示。圆心是北极$(0,0,n)$,n 代表坐标值为任意数。内圆是赤道$(n,n,0)$,整个外圆是南极。用户可以移动鼠标到罗盘中的任意位置,坐标架指示在该视角下的圆以内表示观察点在物体上方,在两圆之间则在物体的下方,在圈周上表示与物体水平,因从该位置看到的只能是立面图。罗盘的四个象限分别表示物体的前、后、左、右四个方位(对应于南,北,西,东),如图 3-6 所示,这样,用户可以很方便地确定视角了。

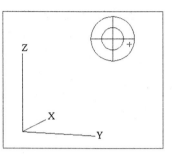

图 3-6　坐标架和罗盘

3. 旋转视点

通过给出水平面和竖直面两个方向上的角度来旋转视点,视图的旋转中心为最后输入的标点。

定视点或[旋转?]＜显示坐标球和三轴架＞:R

输入 XY 平面中与 X 轴的夹角＜315＞:输入视线在 XY 平面内的投影与 X 轴的夹角值输入与 XY 平面的夹角＜35＞:输入视线与 XY 平面的夹角

如图 3-8 所示,给出视点的球坐标格式中的两个角度来表示旋转视点的角度。

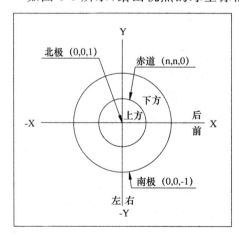

图 3-7　罗盘的含义

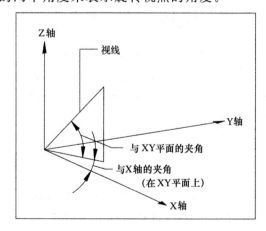

图 3-8　旋转视点

注:可在 VPOINT 命令执行前用 ID 命令确定旋转中心。

3.3.3 视点预置(DDVPOINT)

下拉式菜单:[视图]→[三维视图]→[视点预置(Ⅰ...)

命令行:DDVPOINT(vp)

执行命令后,弹出视点预置对话框,如图 3-9 所示。

其中左侧的方形表盘表示平面角度,即视点投影与 X 轴的夹角,右侧的半圆形表盘表示垂直角度,即视点与原点的连线与 XY 平面的夹角。用户可以在表盘下方的输入框中键入观察的角度,也可直接在表盘上点击角度。

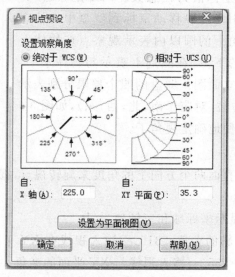

图 3-9 视点预置对话框

3.3.4 动态观察

动态观察功能提供了实时改变视点的一种交互方式,它包括受约束的动态观察 3DORBIT,自由动态观察 3DFORBIT 和连续动态观察 3DCORBIT 三种模式。工具栏如图 3-10 所示,在动态观察命令下,不能使用其他命令,按鼠标右键可切换到动态观察的其他模式。按 Esc 键或 Enter 键退出动态观察模式。

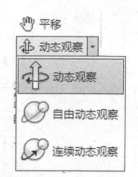

1. 受约束的动态观察

工具栏:动态观察(受约束的动态观察)

下拉式菜单:[视图]→[动态观察]→[受约束的动态观察]

命令行:3DORBIT(3do)

图 3-10 动态观察工具栏

左右拖动在 XY 平面上旋转模型,上下拖动沿 Z 轴旋转模型。在对角线上拖动可以创建等轴视图。术语受约束的是指仅限于在 XY 平面和在 Z 方向。若需要更多的自由可以选择"自由动态观察"模式。

2. 自由动态观察命令

工具栏：动态观察（自由动态观察）

下拉式菜单：[视图]→[动态观察]—[自由动态观察]

命令行：3DFORBIT

此时，在图形的外围显示一个转盘（被小圆平分为四部分的一个大圆球）。视图的旋转式由鼠标的位置决定，共有 4 种情况，其光标外观如图 3-11 所示。

(1) 旋转对象

图 3-11 旋转方式

将鼠标光标移到转盘内部，光标显示为两条曲线环绕的球状，如图 3-11 中第一个符号，此时，单击并在转盘内拖动光标，便可自由移动对象。其效果就向光标抓住环绕对象的球体，并围绕目标点进行拖动一样。用此方法可以水平、垂直或对角拖动。

(2) 转动

将鼠标光标移到转盘外部，光标的形状变为圆形箭头，如图 3-11 中第二个符号，单击并在转盘的外部拖动光标，这将使视图围绕通过转盘中心的垂直于屏幕的轴旋转，表示观测点绕着对象的中心点旋转，这种操作称为"转动"。

(3) 水平转动

当光标在转盘上、下两边的小圆上移动时，光标的形状变为水平椭圆，如图 3-11 中第三个符号。从这些点开始单击并拖动光标将使视图围绕通过转盘中心的垂直轴（Y 轴）旋转。

(4) 垂直转动

当光标在转盘上、下两边的小圆上移动时，光标的形状变为垂直椭圆，如图 3-11 中第四个符号。从这些点开始单击并拖动光标将使视图围绕通过转盘中心的水平轴（X 轴）旋转。

3. 连续动态观察命令

工具栏：动态观察（连续动态观察）

下拉式菜单：[视图]→[动态观察]→[连续动态观察]

命令行：3DCORBIT

连续动态观察使得用户可以选择一个旋转方向，然后让模型自行旋转，直到用户改变或者停止它。操作步骤如下：

(1) 单击并在希望创建的旋转方向上拖动鼠标，鼠标拖动的速度越快，动态观察的速度越快；

(2) 释放鼠标按键，模型将继续在相同方向上旋转，剩下的事情就是观察了；

(3) 单击鼠标左键，模型将停下来。

在旋转过程中可以单击并向另一个方向拖动，然后释放鼠标，即重复执行(1)(2)，模型会继续沿着另一个方向继续旋转。

3.4 标高和厚度

如同颜色、线性、图层等是每个图层对象的属性一样,标高和厚度则是图形对象的三维属性。

标高是指作图平面的 Z 坐标,厚度指的是二维对象沿 Z 轴方向拉伸的高度。正值表示沿 Z 轴正方向拉伸,而负值表示沿 Z 轴负方向拉伸,如图 3-12 所示。系统默认的标高和厚度都为 0,即所画二维图形的当前 Z 坐标均为 0,厚度也为 0。

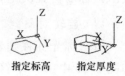

指定标高　　指定厚度

图 3-12　指定标高和厚度

图 3-13 所示为当前厚度不为 0 的情况下所画的图形,说明二维图元 LINE,CIRCLE,ARC,PLINE,RECTANG,TEXT,SOLID,DONUT,POLYGON 等均有厚度属性,而组合图元如椭圆 ELLIPSE,SPLINE 线,MLINE 线,MTEXT 以及图块等不具有厚度属性。

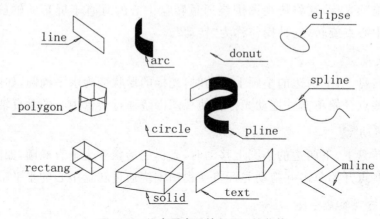

图 3-13　设定厚度后绘制的二维物体

3.4.1 设置当前标高和厚度命令(ELEV)

ELEV 命令用于设置当前的标高和厚度,并将值保存在相应的系统变量 ELEVATION 和 THICKNESS 中。

命令行:ELEV

指定新的默认标高<0.0000>:输入当前标高

指定新的默认标高<0.0000>:输入当前厚度

注意:ELEV 命令只对以后生成的图形生效,对已经存在的图形不起作用。当前厚度对矩形不起作用,需要在画矩形时用矩形命令中的厚度选项进行设置。

3.4.2　修改实体的标高和厚度

ELEV 命令设置后,新生成的图形均具有 ELEV 设定的标高和厚度。但若修改已有图形的标高和厚度,可用 PROPERTIES 命令或者 CHANGE 命令。

1. 特性

工具栏:标准特性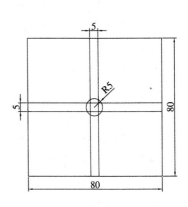

下拉菜单:【视图】→【特性】

命令行:PROPERTIES

对任意图形对象的修改都可以在其"特性"面板中进行,修改标高和厚度也不例外。

下面看一个例子。

(1) 画三个矩形和一个圆,尺寸如图 3-14 所示;

(2) 显示西南等轴侧视图;

(3) 单击标准工具栏"特性"工具,打开"特性"面板;

图 3-14　平面示意图

(4) 单击圆,在"特性"面板的"基本"属性中找到"厚度"一栏,75,回车,屏幕显示如图 3-15 所示;

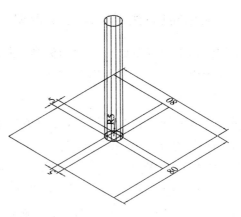

图 3-15　修改厚度

（5）鼠标移回到画图区域,按一次 Esc 键,取消选中状态；

（6）单击中间 2 个矩形,修改厚度为 5,回车,重复步骤(5)；

（7）单击大的矩形,修改厚度为 5,找到标高一栏,输入标高值为 75,回车后如图 3-16 所示。

注:除了矩形外,其他对象的"特性"面板中不含高一栏,可通过修改点的 Z 的坐标完成,或用移动命令达到相同的作用。

2. CHANGE 命令

用 CHANGE 命令的 P 选项,可同时修改多个图形对象的标高和厚度。

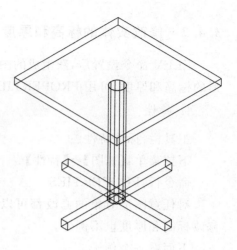

图 3-16　桌子完成图

命令行:CHANGE

选择对象:选择将具有相同标高和厚度的图形对象

选择对象:

指定修改点或者[特性]:P

输入要更改的特性[颜色(C)/标高(E)/图层(LA)/线型(LT)/线型比例(S)/线宽(LW)/厚度(T)/材质(M)/注释性(A)]:

输入 E 修改标高,输入 T 修改厚度。

（1）E 修改标高

指定新标高<>:输入新的标高

（2）T 修改厚度

指定新厚度<>:输入新的厚度

3.4.3　应用实例:生成客房三维模型

下面给出通过修改已有图形的标高、厚度,生成客房三维模型的操作步骤,使用户掌握二维平面图生成三维模型的简单方法。

1. 修改"墙"层上对象的厚度为 3 000

因为所有墙均放在"墙"层上,可用快速选择方式选中"墙"层上所有对象。

（1）打开"客房单元.dwg"文件；

（2）选择菜单[视图]→[三维视图]→[西南等轴测],显示等轴测三维视图；

（3）单击鼠标右键,在弹出的快捷菜单中选择"快速选择",在对话框中单击"特性"列表栏中的"图层",将"值"设为"墙",单击"确定"关闭对话框,此时,所有"墙"层上的图形均呈选中状态；

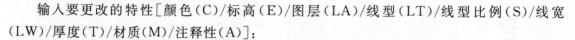

（4）单击"标准"工具栏"特性"工具；

（5）找到"厚度"一栏，输入 3 000，回车，此时可看到原先的墙线呈墙面显示；

（6）关闭"特性"面板。键盘键入 1 次 Esc 键，取消对象选中状态。

2．修改"墙—窗上"层对象的厚度为 900、标高为 2100

（1）重复上述步骤（3），快速选中在"墙—窗上"层的对象；

（2）重复上述步骤（4）和（5），其中厚度修改为 900；

（3）键入 CHANGE 命令，输入 P 表示修改特性，再输入 E 表示修改标高，输入标高为 2100，此时"墙—窗上"层对象呈三维显示；

注：用户也可以通过 MOVE 命令完成同样功能，输入位移量为 0，0，2100。

（4）关闭"特性"面板，屏幕显示如图 3-17 所示；

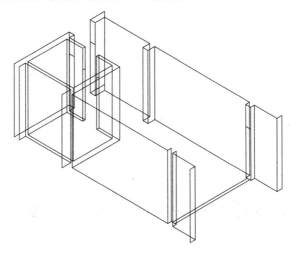

图 3-17　客房三维图

（5）选择菜单［文件］→［另存为］，输入文件名"客房单元 3d"，保存客房三维图。

3.5　消隐和着色

到目前为止屏幕上所显示的三维模型均是线框模式，即每个面的所有边全部显示出来，消隐命令则可以将看不到的面上的边隐藏起来，而视觉样式命令则提供更多的显示模式来着色模型，从而使三维模型更直观。

3.5.1　消隐（HIDE）

不显示模型的隐藏线，如图 3-18 所示。

工具栏：渲染（消隐）

下拉菜单:[视图]→[消隐]

命令行:HIDE(hi)

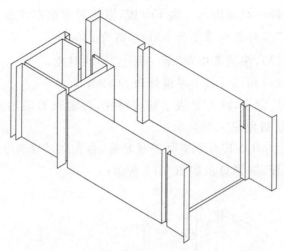

图 3-18　客房消隐后的图

在二维环境中执行 REGEN,返回线框模式。在三维环境中需要使用下面的视觉样式命令改变显示模式。

3.5.2　视觉样式

在当前视口中着色对象,共有 6 种显示模式,见图3-19所示。

工具栏:视觉样式

下拉式菜单:[视图]→[视觉样式]

命令行:VSCURRENT

图 3-19　视觉样式工具栏

输入选项[二维线框(2D)/三维线框(3D)/三维隐藏/真实(R)/概念(C>/其他(o>}<当前选项>:

1. 二维线框(2D)

显示对象时使用直线和曲线来表示边界,光栅和 OLE 对象、线型及线宽可见。没有着色,二维 UCS 图标,使用二维模型空间背景。

2. 三维线框(3D)

显示对象时使用直线和曲线表示边界,显示一个已着色的三维 UCS 图标,光栅和 OLE 对象、线型及线宽不可见。

3. 三维隐藏(H)

显示使用三维线框表示的对象并隐藏表示后向面的直线。

4. 真实(R)

着色多边形平面间的对象,并平滑对象的边,着色的对象外观较平滑和真实。当对象进行体着色时,将显示应用到对象的材质。

5. 概念(C)

使用古氏面样式着色对象。

6. 其他(O)

使用自己创建的视觉样式显示模型。

3.6 用户坐标系(UCS)

到目前为止,用户一直是在使用一个坐标系即 WCS(世界坐标系),即输入的坐标是 WCS 的坐标,2D 的操作也都是在 WCS 的 XY 平面上进行的。但是要有效地建立 3D 图形,用户的 2D 操作平面可能是空间中的任意一个面。UCS C User Coordinate System 用户坐标系)的作用就是让用户重新设定坐标系的位置和方向,从而改变工作平面,便于坐标输入。正确地运用 UCS 命令将简化 3D 过程,是建模的关键。因此,本章重点介绍 UCS 命令及相关的操作。

3.6.1 理解 UCS

为了理解 UCS,可以把 UCS 想象成不同的作图平面或二维平面。用户可以同时定义多个 UCS,并根据需要先在 UCS 中作二维图,然后再生成三维图。例如在三维空间中画一个带门、窗和烟囱的房子,可先对每个侧面及屋顶斜面各设置一个 UCS,再分别在各自的 UCS 中画门、窗和烟囱(图 3-20),还可给屋顶斜面画上阴影。在每一个 UCS 中,作图方法与二维作图方法完全相同。因此 UCS 就是方便坐标输入,变动操作平面和观察平面视图而提供的坐标系。请牢记所有的 2D 绘图与编辑操作的都是在当前 UCS 上进行的。

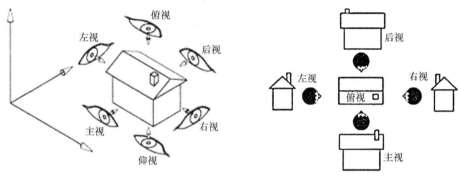

图 3-20　理解 UCS

3.6.2 UCS 命令

UCS 命令提供了在三维空间中如何建立 UCS,以及如何管理和利用 UCS 的方法。图 3-21 所示为 UCS 工具栏界面。

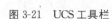

图 3-21 UCS 工具栏

工具栏:"UCS"

下拉式菜单:[工具]→[新建 UCS]

命令行:UCS

输入选项:[新建(N)]/移动(M)/正交(G)上一个(P)/恢复(R)/保存(R)/删除(D)/应用(A)/? /世界(W)]<世界>

1. 新建(N)

用下列 7 种方法之一定义新坐标系。

指定新 UCS 的原点或[Z 轴(ZA)]/三点(3)/对象(OB)/面(F)/视图(V)/X/Y/Z]<0,0,0>:

输入原点或者输入选项字母 ZA,3,OB,F,V,X,Y,Z 中之一,具体含义如下。

(1) 原点:只改变当前坐标系的原点位置,X,Y,:Z 轴的方向均不变。

用该方式只能设定与原作图平面平行的坐标系。

<0,0,0>:在提示下直接输入一个点坐标,表示新坐标系的原点。

(2) Z 轴(ZA):定义一个正向的 Z 轴,从而确定新的用户坐标系。

指定新原点<o,o,o>:输入原点坐标

在正 Z 轴范围上指定点<0,0,1>:输入 Z 轴正向上的一点,通过该选项可使 XY 平面倾斜。

(3) 三点(3):指定新的坐标系原点,X 轴正方向和 Y 轴正方向。

Z 轴由右手定则来确定。用该选项可设定任意一个坐标系。

指定新原点<0,0,0>:指定坐标原点在正 X 轴范围上指定点<283.337 0,172.1040,0 .0 0 00>:X 轴正向一点在 UCSXY 平面的正 Y 轴范围上指定点<283.0223,172.8322,0.0000>:

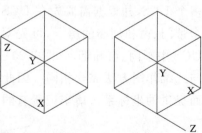

图 3-22 点建立 UCS

注:第三点可以是新的 XY 平面上 Y 为正值的任意一点,不必正好在 Y 轴上,如图 3-22 所示。

(4) 对象(OB):基于所选择的对象来确定新的坐标系。

新的坐标系与所选对象具有相同的拉伸方向(Z 轴方向)。

选择对齐 UCS 的对象:选择一个图形对象。

不能使用下列对象:三维实体,三维多线段,三维网格,视口,多线,面域,样条曲线,椭圆,射线,构造线,引线,多行文字。

对于非三维面的对象,新 UCS 的 XY 平面与绘制该对象时有效的 XY 平面平行,但 X 和 Y 轴可能已作不同的旋转。

(5)面(F):将 UCS 与选定实体对象的面对正,实体是指用第 5 章命令生成的图形对象。

选择实体对象的面:

输入选项[下一个(N)/X 轴反向(X)/Y 轴反向(Y)]<接受>:

下一个:将 UCS 定位于临近的面或上一个选定的面。

X 轴反向:将 UCS 绕 X 轴旋转 180°。

Y 轴反向:将 UCS 绕 Y 轴旋转 180°。

接受:如果按 ENTER 键,将接受此位置,否则将重复出现提示,直到接受新位置为止。

(6)视图(V):以当前视图平面为新建坐标系的 XY 平面,原点保持不变。视图平面当即与屏幕所显示的平面,由视点决定,它垂直于视图方向(平行于屏幕)。见图 3-23 所示。

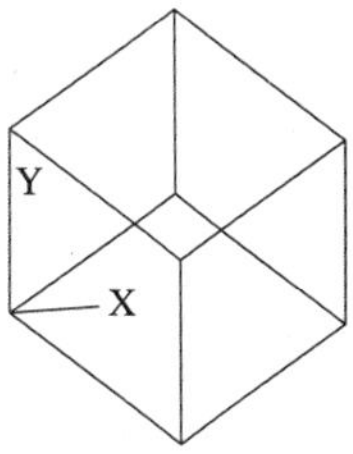

(7)X/Y/Z:将当前坐标系绕坐标轴/X/Y/Z 旋转,生成新的坐标系。

图 3-23　视图建立 UCS

指定绕 n 轴的旋转角度<当前位置>:输入一个角度值,在该提示中,n 表示 X,Y,Z 之一,输入的角度可以为正值和负值,用右手定则确定绕该轴旋转的正方向,如图 3-24 所示。通过指定的坐标系原点,再分别绕 X,Y,Z 轴旋转一定的角度,可以定义任意的坐标系。

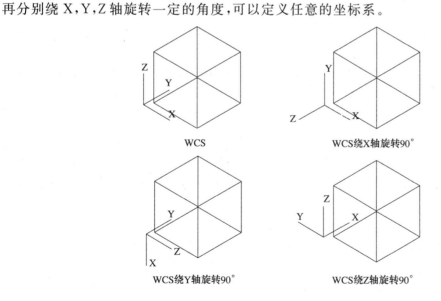

图 3-24　绕轴旋转建立 UCS

以上为建立 UCS 的 7 种基本方式,后面的选项是对 UCS 进行管理的操作。

2. 移动(M)

通过平移原点或修改当前 UCS 的 Z 轴深度来重新定义 UCS。

指定新原点或[Z 向深度(Z)]<0,0,0>:指定一点或输入 z

(1) 新原点:修改 UCS 的原点位置。

(2) Z 向深度(Z):指定 UCS 的原点沿 Z 轴移动
的距离。

指定 Z 向深度<o>:输入一个距离或按 ENTER
键。

3. 正交(U)

指定由 AutoCAD 提供的 6 个正交 UCS 中的一
个,如图 3-25 所示。

输入选项[俯视(T)/仰视(B)/主视(F)/后视
(BA)/左视(L)/右视(R>]<当前正交视图>:输入
一个选项或按 ENTER 键

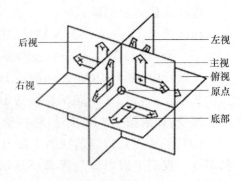

图 3-25　正交 UCS

显示标准视图时,当前 UCS 自动设置为与标准视图相应的正交 UCS。

4. 上一个(P>)/恢复(R)/保存(S>)/删除(D)/?:对 UCS 进行管理。

(1) 上一个(P):恢复前一个 UCS。

AutoCAD 保存了在模型空间和图纸空间分别创建的最新的 10 个用户坐标系。通过
该选项,可以逐次回退到其中的任一个。

(2) 保存(s):给当前的 UCS 命名。

该名字最多为 31 个字符,包括字母、数字及特殊字符(如:$ 美元符号,一连接字符和_
下划线等)。不分大小写。

输入保存当前 UCS 的名称或[?]:输入一个 UCS 名称或?

输入名称:以给定的名字保存当前 UCS

输入?:列出当前已定义的 UCS 的名称。AutoCAD 提示:

输入要列出的 UCS 名称<*>:输入一个 UCS 的名称列表或按 ENTER 键列表显示
所有 UCS。

(3) 回复(R):回复已命名保存的 UCS 成为当前 UCS。

输入要恢复的 UCS 名称或者[?]:输入一个 UCS 名称或?

名称:指定一个已命名的 UCS。

?:列表显示当前定义的 UCS 的名称。

(4) 删除(D):从已保存的 UCS。

输入要删除的 UCS 名<无>:输入一个 UCS 的名称列表或按 ENTER 键。

若删除的 UCS 为当前 UCS,AutoCAD 将重命名当前 UCS 为"未命名"。

（5）?：列出已定义的用户坐标系名称。并给出每个坐标系相对于当前坐标系的原点和X，Y，Z轴坐标值。

输入要列出的 UCS 名称＜＊＞：输入一个 UCS 的名称列表。

5．应用（a）

将当前 L}CS 设置应用到指定的视口或所有活动视口。

拾取要应用当前 UCS 的视口或［所有（A）］＜当前视口＞：单击视口内部指定一个视口、输入 a 或按 ENTER 键。

（1）视口：将当前 UCS 设置应用到指定的视口并结束视口命令。

（2）将当前 UCS 设置应用到所有活动视口。

6．世界（W）

从当前 UCS 回到 WCS。

世界坐标系是所有用户坐标系的基准，是绝对的，不可以被重新定义。

3.6.3　管理 UCS

管理 UCS 包括对 UCS 的命名和恢复、正交 UC5 的使用，以及视图和图标等与 UCS 的关系设置，其功能在前一节 UCS 命令中都有解释，只是通过对话框的形式更容易使用。UCS 工具栏如图 3-26 所示。

工具栏："UCS"（显示 UCS 对话框）

菜单：［工具］→［命名 UCS］

命令行：UCSMAN

图 3-26　UCSⅡ工具栏

1．命名 UCS

单击列表中未命名一项，使其变为可输入，键入新的名称，即完成了命名工作，对话框如图 3-27 所示。

2．正交 UCS

直接选择列表中某一个正交 UCS，单击"置为当前"，即可使其成为当前 UCS。单击其深度，可输入新的数值，表示移动该 UCS 的原点位置。见图 3-28 所示。请注意，相对于不同的坐标系，其正交 UCS 也不相同。UCSBASE 系统变量保存了相对的 UCS 的名称。

3．设置

可控制每个视口中 UCS 的设置以及 UCS 图标的设置。见图 3-29 所示。

"UCS 与视口一起保存"选项表示将坐标系设置与视口一起保存，此选项设置 UCSVP 系统变量。如果清除此选项，视口将反映当前活动视口的 UCS。

修改"UCS 时更新平面视图"修改视口中的坐标系时恢复平面视图。当对话框关闭时，平面视图和选定的 UCS 设置被恢复，此选项设置 UCSFOLLOW 系统变量。

下面给出 3 个与 UCS 设置有关的系统变量。

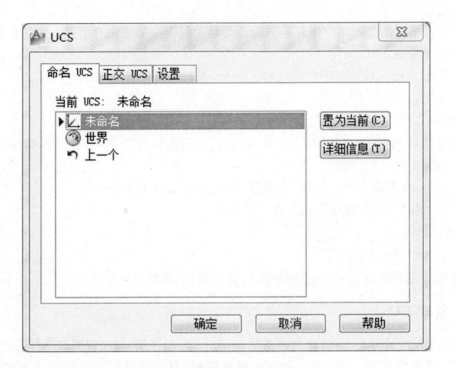

图 3-27　命名 UCS 对话框

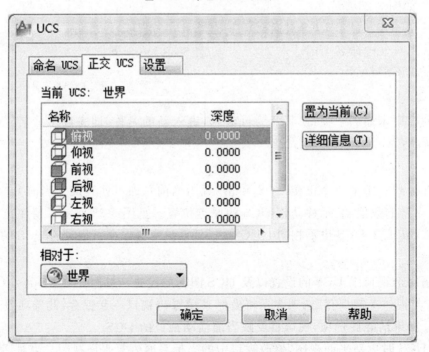

图 3-28　正交 UCS 对话框

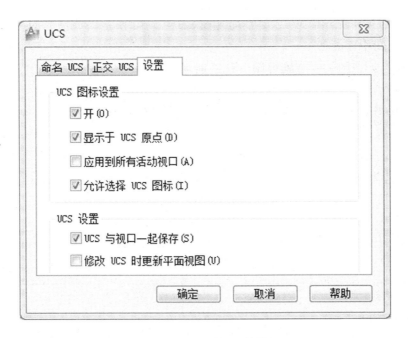

图 3-29　UCS 设置对话框

（1）UCSVP：确定活动视口的 UCS 保持定态还是作相应改变，以反映当前活动视口的 UCS 状态。初始默认值为 1。

＝0 解锁，UCS 反映当前活动视口的 UCS 状态。

＝1 锁定，UCS 存储在视口中并独立于当前活动视口的 UCS 状态。

（2）UCSFOLLOW：用于从一个 UCS 转换到另一个 UCS 时是否生成一个平面视图。初始默认值为 0。

＝0 UCS，不影响视图。

＝1，任何 UCS 的改变都将使当前视口中新 UCS 的平面视图作相应改变。

可以分别为每个视口单独设置 UCSFOLLOW。如果将某个视口的 UCSFOLLOW 设置为开，那么每次更换坐标系，AutoCAD 都将在该视口生成一个平面视图。

以上两个变量反映了视口与 UCS 的关系，还有一个变量则反映了视图与 UCS，在 VIEW 命令中的新建视图对话框中进行设置。

（3）UCSVIEW：确定当前 UCS 是否随命名视图一起保存。初始默认值为 1，表示保存视图的同时也保存了当前 UCS，从而使恢复命名视图的同时也恢复了 UCS。

＝0，当前 UCS 不随命名视图一起保存。

＝1，一旦创建命名视图就随之保存当前 UCS。

3.6.4　观察 UCS 的平面视图命令

PLAN 命令提供了观察平面图（UCS 的 XY 平面）的一个方便手段。可以是当前

UCS,已命名的 UCS 或者是 WCS 的平面视图,如图 3-30 所示。该命令只对当前的视口起作用,在图纸空间中无效。

下拉式菜单:[视图]→[三维视图]→[平面视图]

命令行:PLAN

输入选项[当前 UCS(C)/UCS(U)/世界(W)]<当前 UCS>:输入一个选项或者回车

注意:PLAN 命令只改变当前的视图方向,并不能改变当前的 UCS。UCS 和平面视图是两个概念,用户的绘图平面由当前 UCS 确定,而不是显示的视图平面。可以设置 UCS-FOLLOW 为 1,使改变 UCS 时自动显示当前 UCS 的平面视图。

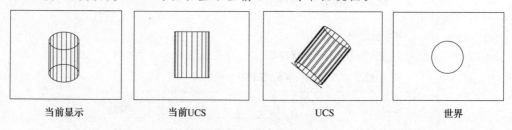

当前显示　　　　　当前UCS　　　　　　UCS　　　　　　世界

图 3-30　UCS 的平面视图

3.6.5　控制 UCS 图标命名(UCSICON)

为了表示 UCS 的位置和方向,AutoCAD 在 UCS 原点或当前视口的左下角显示 UCS 图标。UCS 图标有二维和三维两种样式,并有多种表现形式,以便用户获得图形平面的方向感。图 3-31 所示是一些图标的样例。默认情况下,UCS 图标显示为三维样式。

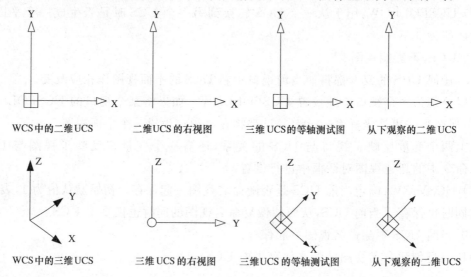

WCS中的二维UCS　　　二维UCS的右视图　　　三维UCS的等轴测试图　　　从下观察的二维UCS

WCS中的三维UCS　　　三维UCS的右视图　　　三维UCS的等轴测试图　　　从下观察的二维UCS

图 3-31　UCS 图标的不同形式

下拉式菜单:[视图]→[显示]→[UCS 图标]

命令行：UCSICON

输入选项[开(ON)/关(OFF)/全部(A)/非原点(N)/原点(OR)/特性(P)]＜开＞：输入一个选项或按 ENTER 键

该命令控制了用户坐标系图标的可见性和放置位置。

(1) 位置：执行原点(OR)选项使 UCS 图标显示在当前 UCS 的原点(0,0,0)位置。若 UCS 的原点的位置超出了屏幕，UCS 图标将出现在屏幕的左下角。非原点(N)强制 UCS 图标显示在屏幕的左下角。

(2) 显示：开(ON)为显示图标，关(OFF)为不显示图标。

(3) 全部(A)：表示控制所有视口中的图标设置。

(4) 特性(P)：对图标的特性进行设置，对话框如图 3-32 所示。

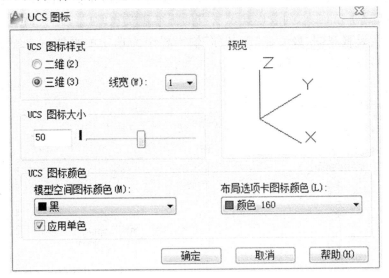

图 3-32　UCS 坐标

3.7　视口(VPORTS)

视口是指屏幕上显示图形的一个限定区域，系统默认状态下是单个视口，也可将显示区域分成多个视口，每个视口显示一个视图。每个视口都可以有自己的 UCS 以及图标显示，由系统变量设定。

在模型空间中(即 TILEMODE＝1)建立的视口被称作平铺视口，在图纸空间(布局)中建立的视口被称作浮动视口。浮动视口的大小和位置可以设定，而平铺视口的大小不可改变。

建立平铺视口的作用主要是在屏幕上能同时显示多个视图,便于操作和观察。而浮动视口主要在出图时使用。视口工具栏,如图 3-33 所示。

图 3-33　视口工具栏

下面主要介绍平铺视口对话框的操作。下拉式菜单:[视图]→[视口]

命令行:VPORTS

1. 新建视口

显示标准视口配置列表和配置平铺视口。

如图 3-34 所示,在标准视口(V)列表中选中"四个:相等"选项,再设置(S)下拉列表中选中"3D",右侧"预览"中可看到视口排列状况以及每个视口显示的标准正交三维视图。单击"修改视图(C)"下拉列表,列表中显示所有的标准正交视图以及用户命名的视图名称,可为每个视口重新设置视图,最后在"新名称"输入栏中为选定的平铺窗口配置指定名称,以后可用于在布局中作为浮动视口使用。

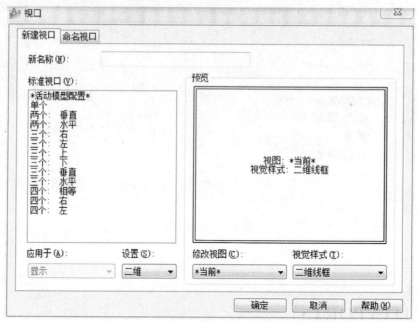

图 3-34　新建视口对话框

"应用于"下拉列表中"显示"选项表示将视口配置应用到整个显示窗口,而选择"当前视口"则表示将视口配置只应用到当前激活视口中,从而使屏幕上可显示更多的视口。

若"设置"选择 2D,则在所有视口中都显示当前视图。

2. 命名视口

单击"命令视口"选项卡,显示所有的已命名的视口配置。

3.8　应用实例

在下面练习中将画一张椅子,通过该练习,以掌握 UCS 的使用以及三维绘图的一些技巧。

3.8.1　利用视口

利用视口命令把屏幕分成 4 个区域,显示 4 个视图,便于在不同的平面内作图。

(1)新建一文件,命名为 Chair;

(2)设置图形界限为 100,80,单击标准工具栏上的全部缩放或键入 ZOOM↓A↓;

(3)键入 VPORTS 命令,在"视口"对话框的"标准视口"栏中选择"四个:相等",在"设置"弹出菜单中选择"3D";

(4)单击预览中的左上方的视图区,使它激活。在"修改视图"弹出菜单中单击,选择"*俯视*"。同样操作,分别将右上方的视图区设置为"*右视*",左下方的视图区设置为"*主视*",右下方的视图区设置为"*西南等轴测*";

(5)单击"确定",关闭视口对话框。

3.8.2　在"俯视"视口画椅子、椅座和靠背

(1)单击左上方视口,使"俯视"视口激活,该视口显示"俯视图",坐标为 WCS。

(2)用矩形命令 RECTANG 分别画 2 个矩形,表示椅座和靠背,椅座长 42,宽 42,左下角点坐标为(24,24);靠背长 25,宽 38,位于椅座右侧。

(3)用 MOVE 命令将靠背移动到如图 3-35 所示位置,靠背与椅座以中点对齐。若中点捕捉模式未打开,可同时按下 SHIFT+鼠标右键,在鼠标弹出菜单中选择"对象捕捉设置",打开对话框,选中"中点"对象捕捉模式。

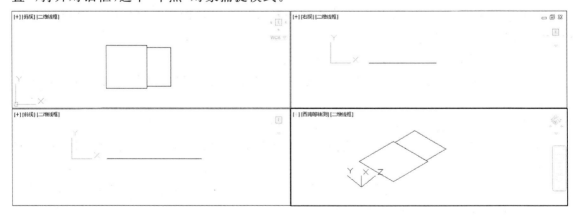

图 3-35　绘制椅座和靠背

下面修改椅座和靠背的厚度:

（4）单击标准工具栏上的"特性"工具。

（5）选择该两个矩形。

（6）在"厚度"输入框中键入 5，回车。这样确定了椅座和靠背的厚度为 5。屏幕显示如图 3-36 所示。

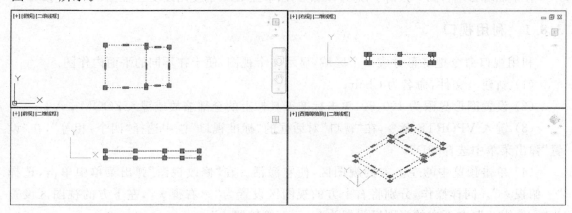

图 3-36　修改厚度

3.8.3　在"主视"视口编辑

在新的 UCS 下，通过 MOVE 命令改变其高度，本练习中，学习如何在三维中用学过的编辑命令修改模型。

（1）单击左下方视口，使"主视"视口激活，该视口显示"主视图"，坐标系为正交坐标系的"主视"UCS；

（2）选中两个矩形，键入 MOVE；

（3）在当前 UCS 中垂直移动到 Y 为 38 处，在"指定基点或位移"提示下，输入"0,38"，在"指定位移的第二点或＜用第一点作位移＞"提示下，直接回车，可以看到坐垫和靠背均向上移动，如图 3-37 所示；

（4）按 Esc 键，退出夹点编辑模式，再单击靠背，显示其夹点；

（5）单击左下方的夹点，单击鼠标右键，从弹出菜单上选择"旋转"，进入"＊＊旋转＊＊"模式，如图 3-38 所示；

（6）键入 90，以表示旋转角度为 90°；

（7）键入 PAN 命令，向下平移视图，使模型全部显示在视口中，并使视口上方有空余空间；

（8）依次激活"右视"和"西南等轴测"视口，键入 PAN 命令，向下平移视图，使模型全部显示在视口中；

（9）再次激活"主视"视口，在当前 UCS 中将椅背沿 Y 轴垂直向上移动 20，如图 3-39 所示。

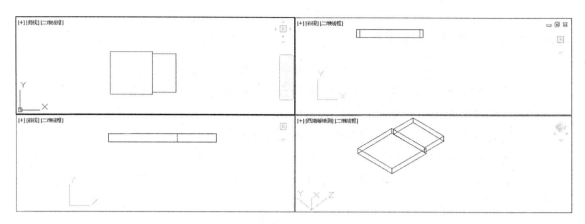

图 3-37　夹点方式移动图形

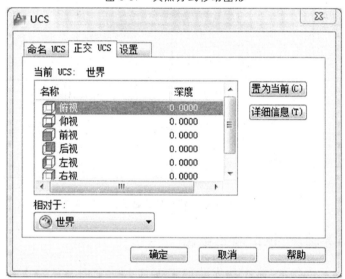

图 3-38　夹点方式旋转靠背

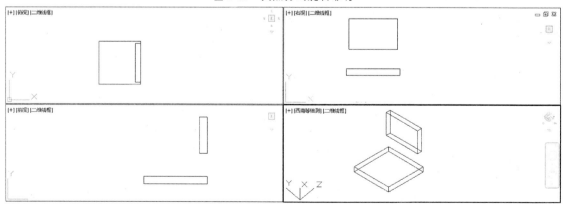

图 3-39　在"主视"坐标系下垂直移动

3.8.4 在"俯视"视口继续绘图

恢复当前 UCS 到 WCS(世界坐标系)，进一步画椅子。

（1）单击左上角"俯视"视口，使其激活，从而当前 UCS 返回到 WCS；

（2）在该视口绘制一个矩形，长为 3，宽为 8；

（3）同时按下 CTRL＋1，选中此矩形，输入厚度值 35；

（4）激活右下角"西南等轴测"视口，此时 UCS 不改变，仍为 WCS；

（5）键入 MOVE 命令，选择最新生成的矩形，通过中点捕捉模式移动到合适位置，结果如图 3-40 所示。

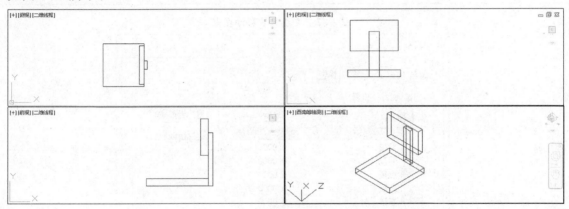

图 3-40 移动到合适位置

3.8.5 在"西南等轴测"视口画三维图

（1）键入 3Dface 命令，在椅座和靠背的上面加上一个面。从左上角开始，沿逆时针方向依次点取其余点；

（2）在椅座和靠背的下面同样加上三维面。

注：可以放大椅座，便于点取。

3.8.6 在 WCS 中绘制椅腿

（1）键入 POLYGON 命令，绘制一个五边形代表椅腿；

（2）在"输入边的数目＜4＞："提示下输入 5；

（3）在"指定多边形的中心点或［边(E)］："提示下输入 E；

（4）在"指定边的第一个端点："提示下任意给定一点；

（5）在"指定边的第二个端点："提示下输入@4＜0，表示五边形边长为 4；

（6）用 MOVE 命令移动五边形，使五边形的中心点移到椅座正中央坐标为(45,45,0)的位置，即五边形代表的椅腿中心正好位于椅座正中央下面；

（7）选中五边形，修改其厚度为 33；

（8）用 MOVE 命令沿 Z 轴向上移动椅腿 5 个单位，输入位移量 0,0,5，两次回车。

此时可以从四个视图中看到椅腿的位置变化，如图 3-41 所示。

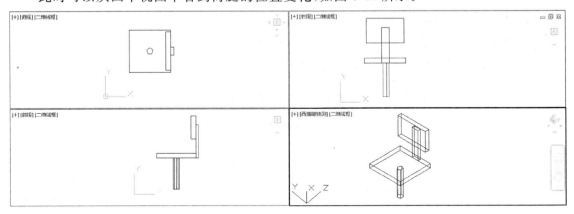

图 3-41　绘制椅腿

3.8.7　倾斜 UCS

下面绘制椅脚。为了方便构造，需要改变用户坐标系，可以使用 UCS 工具栏的 Z 轴矢量 UCS 工具来倾斜 UCS，选取五边形的一条边作为新用户坐标系的 Z 轴。

（1）键入 UCS↓ZA↓；

（2）用端点捕捉单击五边形的一条边，作为当前 UCS 的原点，如图 3-42 中的第 1 点；

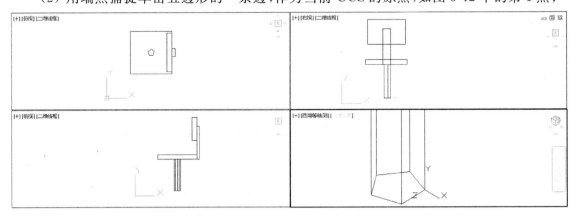

图 3-42　为 Z 轴矢量 UCS 选项取点

注：为便于捕捉，可以放大五边形。

（3）使用端点捕捉捕捉该条边的另一个端点，如图 3-42 中的第 2 点，UCS 倾斜后显示新的 UCS 的 Z 轴；

（4）画如图 3-43 所示的一条多段线。起始点(0,6)，第二点(26.5,3)，第三点(26.5,0)。

3.8.8 改变 UCS 的原点

下面保持 UCS 方向不变,只改变原点位置。

(1)键入 UCS↓OR↓;

(2)用端点捕捉多段线的第三点,作为当前 UCS 的原点;

(3)用 CIRCLE 命令以点(0,-2.5,0)为圆心、半径为 2.5 绘制一个圆,作为轮子;

(4)绘制一个同心圆弧,如图 3-43 所示;

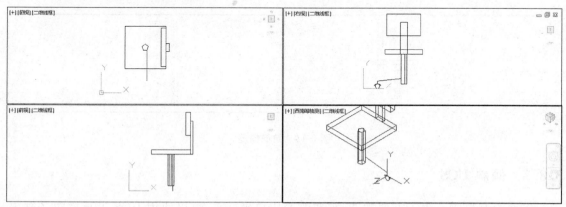

图 3-43 绘制代表椅子滑轮的线条

(5)选中多段线、圆、圆弧,用 CHANGE 命令修改厚度为 4;

(6)键入 PEDIT 命令,输入 W,再输入 0.5,回车,使多段线的宽度变为 0.5,屏幕显示如图 3-44 所示;

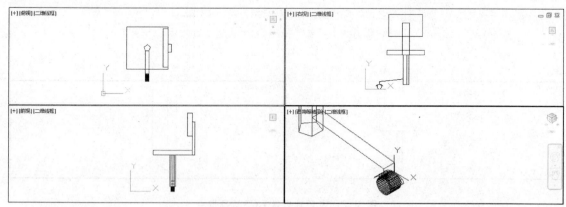

图 3-44 椅子滑轮完成图

(7)执行 UCSMAN,把当前 UCS 命名为 LED;

(8)选择 WCS,单击"置为当前",使 WCS 成为当前 UCS;

(9)键入 ARRAY 命令,选择多段线、圆、圆弧,以点(45,0,0)为圆心作极形阵列,复制

5 个脚,如图 3-45 所示。

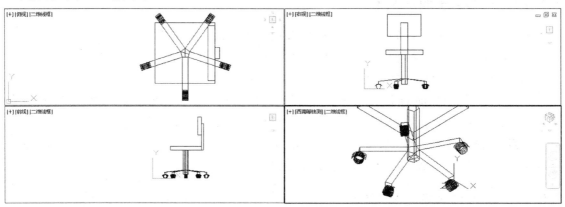

图 3-45 ARRAY 命令执行后的图形

3.8.9 命名视口

现在椅子图已经基本完成了,将以上视口布局保存。

(1) 键入 VPORTS↓,在新名称输入栏中输入"4V",单击确定关闭对话框;

(2) 单击右下面的视图区;

(3) 键入 Hide↓,显示消隐后的真实的椅子图,此时发现椅子靠背人仍旧是空心的;

(4) 单击视口工具栏中的单个视口工具,或键入 VPORTS↓,选择"单个",三维视图填满了屏幕,如图 3-46 所示。

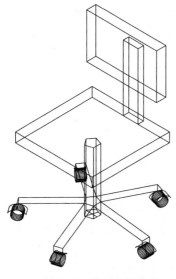

图 3-46 椅子的消隐图

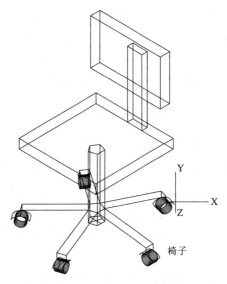

图 3-47 加入文字到三维视图

3.8.10　以视图平面定义 UCS

下面在当前的视图平面上写文字,因此要用视图平面定义一个 UCS。

(1) 键入 UCS↓V↓,使视图平面作为当前 UCS 的 XY 平面;

(2) 在椅子下方,输入文字"椅子"两个字,观察文字方向。

AutoCAD 使用当前的 UCS 原点作为新建立的 UCS 原点。通过该选项,可正确地在屏幕上写上文字和尺寸标注,如图 3-47 所示,可用 Text 或 Dtext 命令写文字。

注意:文字命令、尺寸标注命令只显示在当前坐标系的 X—Y 平面内。要在三维视图中写正常的文字,必须以当前视图平面定义 UCS。

3.8.11　以图形对象定义 UCS

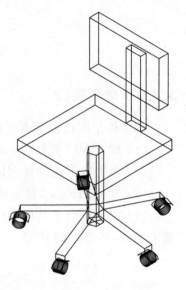

以图形对象的方向定义一个 UCS,对于在一个已定义的对象表面添加细节特别有帮助。

(1) 在命令行键入 UCS↓N↓OB↓;

(2) 在"选择对其 UCS 的对象:"提示下,单击 3DFACE 所画的三维图,作为定义椅子坐垫的上表面。UCS 图标显示如图 3-48 所示。

注意:UCS 原点的定位和方向取决于三维面是如何建立的,如果在建立 3DFACE 面时取点的顺序不同,那么,UCS 方向将不同于图 3-48 所示。

对于一些二维编辑命令,如多段线编辑命令 PEDIT,只能在与多段线所绘平面平行的 UCS 下才能操作。因此也必须先通过 UCS 的对象使多段线平面作为当前 UCS 的 XY 平面,再使用 PEDIT 命令进行编辑。

图 3-48　用对象选项
定位一个 UCS

3.8.12　绕轴旋转 UCS

现在假定你要改变当前 UCS 的 X,Y,Z 轴的方向。可以通过使用 UCS 命令的 X,Y,Z 选项来完成。读者试着沿 Z 轴旋转 UCS,来看它是如何工作的。

(1) 键入 UCS↓N↓Z↓,这将绕着 Z 轴旋转当前的 UCS;

(2) 键入 90 表示 90°,UCS 图标旋转后便反应当前的 UCS 方向。

类似地,X 和 Y 选项相应地让你绕着 X 和 Y 轴旋转 UCS,就像上面绕着 Z 轴旋转一样。

现在读者已经完成了 UCS 命令的介绍,回到 WCS,并将文件存盘。

课后练习

结合 UCS 命令,画出如图 3-49 所示的椅子。

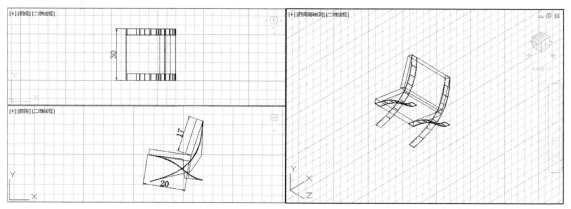

图 3-49　椅子绘制

提示:(1)椅子腿用多段线命令(PLINE)绘制出如图所示的折线。

(2)用 PEDIT 命令的 S 选项变成光滑曲线,宽度设为 0.5。

(3)设置厚度为-2。

注意:执行多段线命令时,UCS 应设定为 WCS 绕 X 轴旋转 90°。

(4)在 WCS 坐标系下,执行 MIRROR 命令,选择一个椅子腿作镜像复制。

第4章

三维多边形网格

本章介绍如何创建各种类型的曲面,又称作多边形网格。每一个曲面由许多平面网格组成,因此多边形网格只能是近似表示曲面。

4.1 线框模型

用点和线表示的模型称为线框模型,例如用 LINE 命令画出立方体的 12 条边来表示三维模型。线框模型的优点是模型简单,缺点是显示具有二义性,无法进行消隐。除了 LINE 命令,其他画线命令如 CIRCLE,ARC,PLINE 等都只能画在当前 UCS 的 XY 平面内。若构造空间中的任意曲线,需用三维多段线(3DPOLY)或样条曲线(SPLINE)命令来完成。

4.1.1 三维多段线命令(3DPOLY)

3DPOLY 命令是对 PLINE 命令(2D 多段线)的扩充,不受 UCS 的限制,可以取空间中的任意点,并可用 PEDIT 命令编辑成样条曲线。注意,三维多段线不具有厚度属性。如图 4-1 所示。

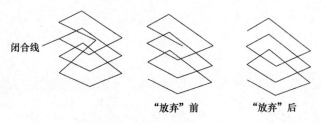

闭合线   "放弃"前   "放弃"后

图 4-1   3DPOLY 图形

下拉式菜单:[绘图]→[三维多段线]
命令行:3DPOIY
指定多段线的起点:指定点(1)
指定直线的端点或[放弃(U)]:指定点或输入选项
指定直线的端点或[放弃(U)]:指定点或输入选项

指定直线的端点或[闭合(C)/放弃(U)]:指定点或输入选项

4.1.2 三维多段线编辑命令(PEDIT)

PEDIT 命令可对三维多段线进行编辑,控制顶点的位置,生成样条曲线。

工具栏:修改(编辑多段线)

下拉式菜单:[修改]→[多段线]

命令行:PEDIT

快捷菜单:选择要编辑的多段线,在绘图区域单击右键,选择"编辑多段线"。

选择多段线:

输入选项[闭合(C)/编辑顶点(E)/样条曲线(S)/非曲线化(D)放弃(U)]:输入一个选项或按 Enter 键

各选项含义如下。

(1) 闭合/打开:连接起点和终点形成封闭三维多段线,若选中的多段线是封闭的,则该选项为打开,表示使封闭多段线变成开放的,即断开起点和终点之间的连线。

(2) 编辑顶点:编辑顶点。

(3) 样条曲线:变成光滑的样条曲线,通过拟合三维 B 样条曲线以逼近其控制点,如图 4-2 所示。

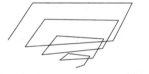 

原三维多线段   曲线拟合后的三维多线段

(4) 非曲线化:将样条曲线变回到折线。

图 4-2　样条化前后

(5) 放弃:回退一步。

(6) 退出:直接回车表示退出该命令。

注意:PEDIT 命令可同时适用于二维多段线(PLINE)和三维多段线(3DPOLY),根据选择的对象判定。

4.1.3 样条曲线命令(SPLINE)

SPLINE 在指定的允差范围内把一系列点拟合成光滑的曲线样条曲线,还可以将样条光滑后的 2D 或 3D 多段线变成样条曲线。

工具栏:绘图(样条曲线)

下拉式菜单:[绘图]→[样条曲线]

命令行:SPLINE

指定第一个点或[对象(O)]:指定点或输入 O

各选项含义如下。

(1) 指定下一点:指定一点。

输入点一直到完成样条曲线的定义为止。输入两点后,AutoCAD 将会显示下列提示:

指定下一点或［闭合(C)/拟合公差(F＞]＜起点切向＞：指定一点、输入一个选或按
Enter 键

拟合公差(F)：控制样条曲线对控制点的接近程度,拟合公差
大小对当前图形单元有效。指定拟合公差＜当前值＞：输入一个值
或按 Enter 键

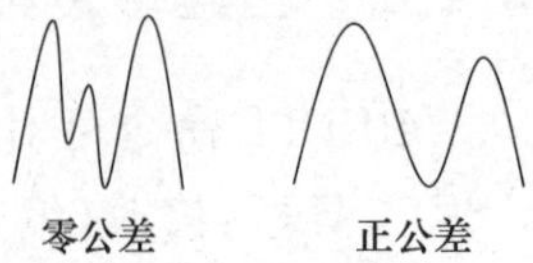

零公差　　　　正公差

图 4-3　拟合公差示意图

如果公差设置为 0,样条曲线将穿过拟合点,如果输入公差大
于 0,将允许样条曲线在指定的公差范围内从拟合点附近通过,如
图 4-3 所示。

闭合(C)：封闭曲线

指定起点切向：指定一点或按 Enter 键,表示样条曲线第一点的切向。

指定端点切向：指定一点或按 Enter 键,表示样条曲线最后一点的切向。

(2) 对象(O)：将选中的拟合 PLINE 线或拟合 3DPOLY 线变成等价的样条曲线并删
除多段线(取决于 DELOBJ 系统变量的设置)。

选择要转换为样条曲线的对象…

选择对象：拟合 PLINE 线或拟合 3DPOIY 线,并回车完成选择。

4.1.4　样条曲线编辑命令(SPLINEDIT)

用 SPLINE 命令绘制的样条线,要用 SPLINEDIT 命令进行编辑,可以编辑一顶点及样
条的形状。

工具栏：修改(编辑样条曲线)

下拉式菜单：[修改]→[样条曲线]

快捷菜单：选择要编辑的样条曲线,在绘图区域单击右键并选择"编辑样条曲线"

命令行：SPLINEDIT

选择样条曲线：

输入选项[拟合数据(F)/闭合(C)/移动顶点(M)/精度(R)/反转(E)/放弃(U)：

各选项含义如下。

(1) 拟合数据(F)使用下列选项编辑拟合数据：

［添加(A)/闭合(C)/删除(D)/移动(M)/清理(P)/相切(T)/公差(L)/退出(X)]＜退
出＞：输入一个选项或按 ESTER 键

添加(A)：增加拟合点到样条线中。

闭合(C)：封闭一个开放的样条线,使封闭点处切线连续。

删除(D)：删除选择的点,并重新拟合。

移动(M＞：移动选择的点。

清理(P)：删除所有拟合数据。

相切(T)：改变始末点切线矢量信息。

公差(L):改变样条拟合数据公差并重画样条。如果改变公差并移动控制点,打开或者封闭样条时,拟合的数据会丢失。

＜退出＞:返回控制点编辑提示状态。

(2) 闭合(C):封闭对象。

(3) 移动顶点(M):移动样条控制顶点。

(4) 精度(R):显示增加控制点和调整控制点权因子的子选项。

(5) 反转(E):改变样条方向,始、末点交换。

(6) 放弃(U):取消前一次操作。

4.1.5　螺旋线(HELIX)

用 HELIX 命名可创建线框螺旋线。

工具栏:建模(螺旋)　
下拉式菜单:[绘图]→[螺旋]
命令行:HELIX
圈数＝3.0000 扭曲＝CCW
指定底面的中心点:
指定底面半径或[直径(D)]＜1.0000＞:默认值是上一次使用的半径
指定顶面半径或[直径(D)]＜126.5033＞:
指定螺旋高度或[轴端点(A)/圈数(T)/圈高(H)/扭曲(W)]＜1.0000＞:默认是输入螺旋高度,或输入 T 改变圈数,A 指定轴端点,H 指定高度,W 指定扭曲的方向。

4.2　多边形网格

多边形网格是 AutoCAD 软件中的曲面表示。每一个多边形网格由一组栅格(3DFACE 平面)来表示,栅格的顶点数目表示成矩阵 MXN,M 和 N 分别为给定顶点指定列和行的位置。构造曲面需要先分析曲面的轮廓特征,再利用曲面特征命令来完成。网格命令在图 4-4 所示菜单中。

图 4-4　命令网格

4.2.1 直纹网格(RULESURF)

RULESURF 通过指定两条空间曲线作为曲面的边界线,在两条曲线的起点端架一条线段,并使该线段的两端分别沿曲线同步地以一定步长向另一端移动,从而构造出的网格面被称为直纹网格。图 4-5 为用 RUIESURF 命令构造的一些三维曲面模型。

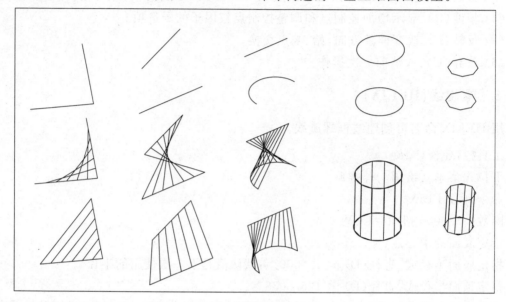

图 4-5 直纹网格

下拉式菜单:[绘图]→[建模]→[直纹网格]

命令行:RULESURF

选择第一条定义曲线:

选择第二条定义曲线:

1. 选项含义及要点

(1) 选中的对象定义了直纹网格的边。可以作为被选的对象有点(POINT),线(LINE),样条(SPLINE),圆(CIRCLE),弧(ARC),多段线(PLINE)。如果其中一个是封闭的,则另一个边界也必须是封闭的。若点是其中的一个边界,另一个对象既可以封闭,也可以开放,但只能有一个是点。选择点以靠近的点为该对象的起点。

(2) 若曲线是圆,直纹网格在 0°点开始,由当前 X 轴加上 SNAPANG 系统变量的当前值决定。

(3) 对于封闭的多段线,以最后一点作为直纹网格的起点,并沿着多段线向后处理。

(4) 直纹网格是一个 2×N 的多边形网格。在每一个定义的曲线上以相同的间距放置一半的网格点,间隔数由 SURFTABl 定义,对每一条曲线该间隔数都是一样的。网格 N 方向是沿着边界曲线。如果两个边界都是封闭的,或一个是封闭的,而另一个是一个点,则生成的多边形网格在 N 方向上是封闭的,并且 N 等于 SURFTAB1。如果两个边界都是开放的,N 等于 SURFTAB1+1,因为分割一个曲线为 N 段需 N+1 个点。

注意:在图 4-5 中,选择对象在同一端(下面图形)或不同端(上面图形)创建的多边形网格是不同的。图形最上面显示两条定义曲线,中间为选择点位于不同端的结果,下面图形为选择点为同一端时的结果。

2.茶几模型的实例

(1) 新建一个文件,保存为"茶几.dwg";

(2) LINE 命令画一条长为 400 的垂直线段;

(3) 用 ARC 命令以该线段为直径画一个半圆弧;

(4) 单击西南等轴侧视图工具,从屏幕左下角观察模型;

(5) 执行 ZOOM 命令,缩小视图;

(6) 沿着 Z 轴正方向将直线移动 400。可执行 MOVE 命令,位移量为 0,0,400;

(7) 现在已经准备好生成三维曲面的两个实体了。在命令行键入 RULESURF↓;

(8) 在"选择第一条定义曲线"提示下,移动光标到圆弧的下端并单击它;

(9) 在"选择第二条定义曲线"提示下,移动光标到直线的最上端并单击它,曲面将如图 4-6 所示;

注意:用来选择第二个实体的位置将决定曲面如何产生。用户注意到那些定义曲面的片段互相交叉。交叉的效果是由于选取了定义实体的相反端点造成的,圆弧是用下端点选取的,而直线是用上端点选取的。

(10) 擦除(ERASE)刚才画的曲面;

(11) 在命令行键入 RULESURF↓,但这一次在同一侧的端点附近选择圆弧和直线,得到一个类似于图 4-6 中右图的曲面;

注:刚才画的每个曲面都是由 6 个片段组成的,这是因为控制出现的片段数目的系统变成 SURFTAB1 的值为 6。用户可以删除已画的曲面,重新设置 SURFTAB1 的值,再执行 RULESURF 命令,将得到不同的片段数目。SURFT-

图 4-6 不同端构成不同网格

AB1 值不可设置过大,否则图形文件将过大,显示的时间会过长,因此在不牺牲外观的前提下尽可能把 SURFTAB1 的设置值减小。

(12) 键入 VPORTS 命令,在视口对话框中单击左侧列表中的"两个:垂直"选项,屏幕被分割成两个竖直的视口;

(13) 单击左侧视图,使之激活,执行 PLAN 命令显示平面视图;

(14) 执行 ZOOM 命令,缩小视图,在图形外侧用 RECTANG 命令绘制一个矩形,长 1000,宽 600,如图 4-7 左图所示;

(15) 执行 MIRROR 命令,以矩形水平线中点为对称轴复制出另一半图形;

(16) 执行 MOVE 命令,将矩形沿 Z 轴方向抬高 400. 捕捉矩形四个端点绘制三维面(3DFACE);

(17) 屏幕显示如图 4-7 所示,保存文件。

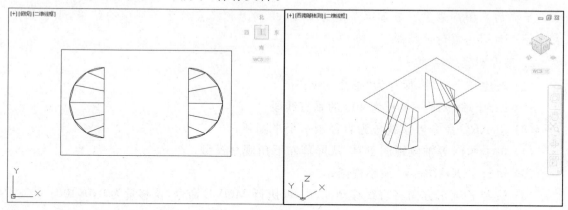

图 4-7 完成的茶几图形

4.2.2 旋转网格

REVSURF 通过将路径曲线或轮廓线(直线,圆,圆弧,椭圆,椭圆弧,闭合多段线,多边形,闭合样条曲线或圆环)绕选定的轴旋转,构造一个近似于旋转网格的多边形网格。图 4-8 给出了一些通过 REVSURF 命令构成的三维模型。

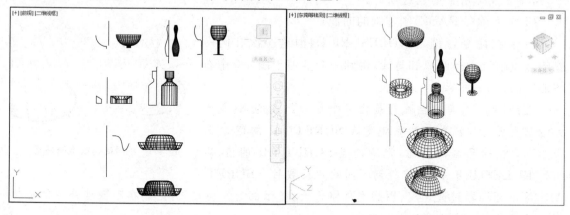

图 4-8 旋转网格

下拉式菜单:[绘图]→[建模]→[网格]→[旋转网格]

命令行:REVSURF

选择要旋转的对象:选择一条直线、圆弧、圆或二维、三维多段线

选择定义旋转轴的对象:选择一个直线或开放的二维、三维多段线

指定起点角度<0>:输入起始角度值或按回车

指定包含角(＋＝逆时针,－＝顺时针)＜360＞:输入一个内含角度值或回车

1. 选项含义及要点

(1) 路径曲线围绕选定的轴旋转定义曲面,路径曲线定义曲面网格的 N 方向。可选择圆或闭合的多段线作为路径曲线,这样可以在 N 方向上闭合网格。

(2) 起始角度定义了从偏移路径曲线一定角度后开始形成网格面,包含角度是路径曲线绕轴旋转的角度。若内含角度小于全角(360°),则形成的曲面不封闭。

(3) 选择旋转轴的点的位置影响旋转的方向。靠近选择点的端点为旋转轴的起点,用右手定则,右手握住旋转轴,拇指指向旋转轴的另一端点,手指弯曲的方向就是旋转拉伸的正方向。

(4) 产生的网格的密度受系统变量 SURFTAB1 和 SURFTAB2 控制。网格线沿着旋转方向形成了 SURFTAB1 的间隔,沿路径线方向形成了 SURFTAB2 的间隔。若路径线是多段线,且未被样条拟合,则网格线在直线段的端点处绘制,而每一个圆弧段均被分割成 SUR_FTAB2 段的间隔。

2. 台灯模型的实例

(1) 新建一文件,取名为"台灯.dwg";

(2) 设置捕捉(Snap)为 10 个单位,栅格(Grid)为 0;

(3) 建立以下三个图层:GRID,3DOBJ,OBJ,颜色分别为白(WHITE),红(RED),黄(YELLOW),设置 BOX 为当前图层;

(4) 键入 VPORTS 命令,打开视口对话框,选择"标准视口"中的"三个:下",将"设置"选择"三维",使视口分别显示俯视、主视和东南等轴测三个视图;

(5) 激活右上角的主视视图,此时,UCS 自动变为"主视"UCS;

(6) 设置 3DOBJ 为当前图层;

(7) 用 PLINE 命令的 L 和 A 选项,绘制如图 4-9 所示,高度为 100 的曲线作为路径线;

(8) 画一条直线如图 4-9 中所示,作为旋转轴;

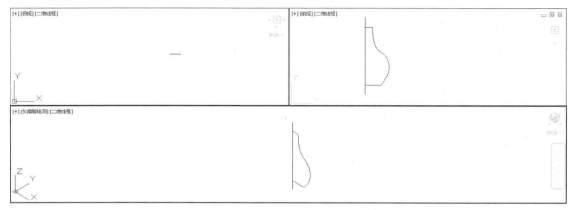

图 4-9 用 PLINE 绘制的路径曲线

(9) 键入 SURFTAB1,输入 12;

(10) 键入 SURFTAB2,输入 12;

(11) 键入 REVSURF 命令;

(12) 在"选择要旋转的对象"提示下,选择多段线;

(13) 在"选择定义旋转轴的对象"提示下,选择直线;

(14) 在"指定起点角度<0>"提示下,键入回车(提示用户键入圆拉伸体的开始角度;这个角度是相当于被旋转拉伸的对象。默认值为 0,它表示从旋转对象的位置开始拉伸。更大或更小的角度将偏移(offset)拉伸的起点);

(15) 在"指定包含角(＋＝逆时针,－＝顺时针)<360>":提示下,键入回车,代表一个 360°的旋转,此时屏幕显示如图 4-10 所示;

(16) 键入 HIDE 命令,观察消去隐藏线后的效果;

(17) 单击新生成的网格,使其选中;再单击标准工具栏中的图层列表,单击 GRID 图层,使网格位于 GRID 图层上;

(18) 关闭 GRID 图层;

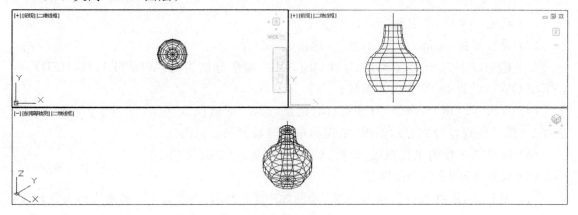

图 4-10　旋转网格

(19) 保存该图形,命名为 LAMP.DWG;

下面生成灯罩部分:

(20) 使 OBJ 成为当前层;

(21) 激活左上角视口,使当前 UCS 变为"俯视"UCS;

(22) 捕捉多段线在轴线上的端点作为圆心,画半径为 60 的一个圆;

(23) 以同样的圆心绘制一个圆,半径大致为 40;

(24) 激活右上视口,使当前 UCS 变为"主视"UCS;

(25) 沿 Y 轴向上移动小圆 50 个单位,即位移量 0,50,屏幕显示如图 4-11 所示;

(26) 键入 RULESURF 命令;

(27) 分别选取两个圆,生成直纹网格,如图 4-12 所示;

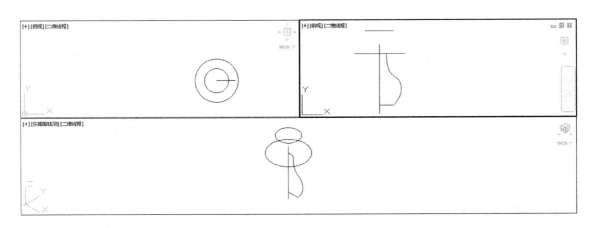

图 4-11 灯罩轮廓线

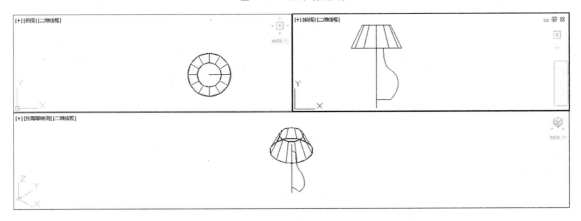

图 4-12 直纹网格

（28）打开 GRID 层，显示所有图形，屏幕显示如图 4-13 所示；

（29）保存图形。

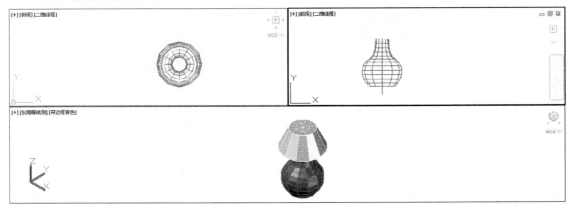

图 4-13 完成后的台灯

4.2.3 平移网格(TABSURF)

TABSURF 通过将一条任意曲线,沿着一条方向矢量平移构造出一个多边形网格,成为平移网格。图 4-14 给出了用 TABSURF 命令构成的三维模型。

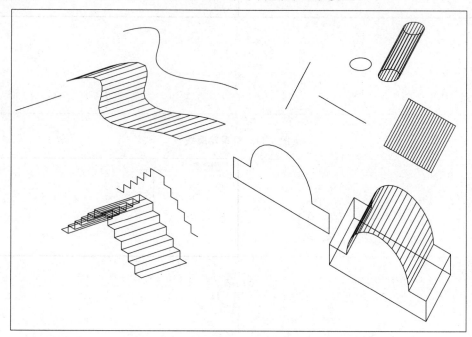

图 4-14 平移网络

下拉式菜单:[绘图]→[建模]→[网格]→[平移网格]

命令行:TABSURF

选择用作轮廓曲线的对象:选择一条路径曲线

选择用作方向矢量的对象:选择直线或开放的多段线

1. 选项含义及要点

(1) 路径线可以是线、弧、圆、椭圆,或 2D 和 3D 多段线。绘制曲面由靠近选择点的曲线的一端开始。

(2) 若用多段线作为方向矢量,AutoCAD 只考虑其起点和终点,忽略中间点。方向矢量指定了轮廓拉伸的方向和长度。方向矢量的选择点为矢量的起点,从起点到终点即为拉伸方向。原始路径曲线用宽线绘制。

(3) TABSURF 命令构成了一个 2XN 的多边形网格,其中 N 由系统变量 SURFTAB1 决定。网格的 M 方向总是 2,并且沿着方向矢量。N 方向沿着路径曲线。若路径线是线、弧、圆、椭圆,或样条拟合的多段线,AutoCAD 绘制条割线按照 SURFTAB1 段的间隔分割路径曲线。

2. 门把手的实例

(1) 新建一个文件；

(2) 在屏幕中心画一个半径为 10 的圆,在圆右方 15 个单位处画一条垂直线 A,以后将以它为轴对圆进行旋转拉伸以构成扶手的弯曲部分;再画一条长为 120 的水平线 B;

(3) 将平面视图变为三维视图,视点为 1,－1,1,再键入 ZOOM ↓ 0.7X ↓,使屏幕空间大一些;

(4) 单击曲面工具栏上旋转网格工具,或键入 REVSURF 命令,分别选取圆和垂直线,起始角度为 0°,旋转角度为 90°,屏幕上生成一个旋转网格;

下面建立一个新的 UCS,垂直于 WCS 且 X 轴方向不变:

(5) 在 UCS 工具栏上单击 X 轴旋转 UCS 工具;

(6) 键入 90,表示 UCS 绕 X 轴旋转 90°;

下面旋转圆,使其旋转到旋转网格另一端,如图 4-15 所示,步骤如下:

(7) 在命令提示下选择圆,并单击圆心点的夹点(grips);

(8) 两次键入回车进入 ＊＊旋转＊＊模式;

(9) 键入 B,表示为旋转轴选择一个基点,用端点捕捉来选取垂直线的端点;

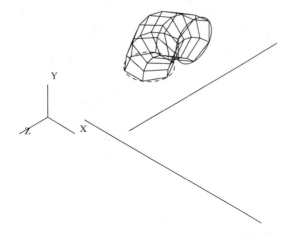

图 4-15　旋转圆

(10) 拖动鼠标(不要单击),观察屏幕上圆是如何旋转的;键入－90,此时圆旋转到旋转面的另一端,如图 4-16 所示;

注意:完成该操作的关键是第(5)、第(6)步,将当前坐标系设定为 WCS 的 ZX 平面。

(11) 在曲面工具栏上单击平移网格工具,或在命令行键入 TABSURF ↓;

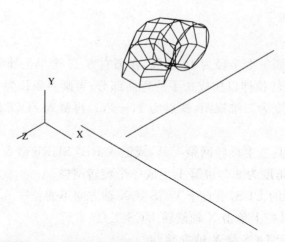

图 4-16　旋转后的圆

（12）在"选择用作轮廓曲线的对象"提示下，选择圆；

（13）在"选择用作方向矢量的对象"提示下，选择水平线，请注意选择点位置，如图 4-17 中所示；

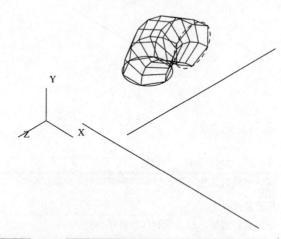

图 4-17　选择水平线

（14）结果如图 4-18 所示；画一条长为 5 的垂直线，在 WCS 中画出把手底部圆，用平移网格构造出底部圆盘。

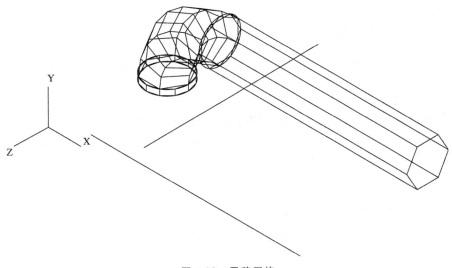

图 4-18 平移网格

4.2.4 边界网格（EDGESURF）

EDGESURF 命令通过指定 4 条封闭的空间曲线作为曲面的边界线，构造出以该 4 条曲线作为边界的曲面。图 4-19 给出了用 EDCGESURF 命令构成的一些三维曲面。

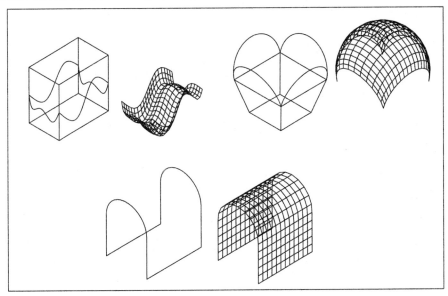

图 4-19 边界网格

下拉式菜单：[绘图]→[建模]→[网格]→[边界网格]

命令行：EDGESURF

选择用作曲面边界的对象 1：

选择用作曲面边界的对象 2：

选择用作曲面边界的对象 3：

选择用作曲面边界的对象 4：

1. 选项含义以要点

（1）该 4 条曲线必须连成一个封闭的环，即首尾相连。

（2）这些曲线可以使线、弧、样条，或开放的 2D 或 3D 多段线。

（3）可以以任意顺序选择这 4 条边。第一条边确定 M 方向，与该边相连的边构成了 N 方向。

2. 蝶形椅子的实例

（1）新建名为"蝶形椅子"的新文件，绘图单位为公制；

（2）用 RECTANG 命令画一个边长为 50 的正方形，它的第一个角的坐标为(36,36)；

（3）键入 OFFSET 命令，偏移放大复制正方形 10 个单位；

（4）把两个正方形中较大者，向左面移动 5 个单位，使你的平面图如图 4-20 的左图所示；

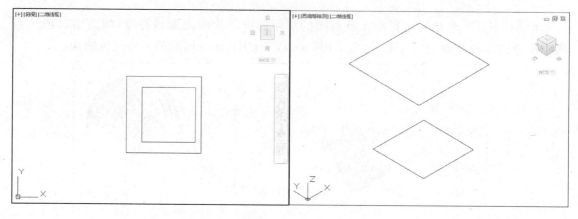

图 4-20　构造框架

（5）选择西南等轴侧视图，或键入 VPOINT ↓ −1,−1,1 ↓，这样便得到从矩形左下角观察的视图；执行 ZOOM 命令，将视图缩小；

（6）沿 Z 轴移动外面的矩形，使之高度为 75，做法是用夹点方式，首先单击外面的矩形，再单击它的一个夹点，键入回车进入 ＊＊移动＊＊模式，并键入@0,0,30 ↓（也可通过按动鼠标右键，弹出一个菜单条，选择移动）；执行 ZOOM 命令，使屏幕显示如图 4-20 的右图所示；

（7）用 LINE 命令将两个正方形的对应顶点直线连接；

下面在三维空间中绘出多段线：

（8）单击标准工具栏上的图层工具，建立名为 Leg 的新图层，并以 Leg 为当前图层；

（9）ZOOM 命令将视图放大，以便于选择多段线所用的点；

（10）设置自动捕捉模式为端点和中点捕捉；

（11）命令行键入 3DPOLY↓；

（12）在输入点的提示下，一次点取如图 4-21 左图上的 1，2，3，4，5 点，并回车结束，绘出一条三维多段线；

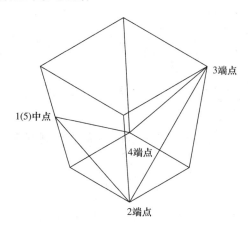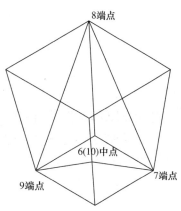

图 4-21　用 3DPLOY 构造的多段线

（13）重复 11，依次点取如图 4-21 右图上的 6，7，8，9，10 点，并回车结束，绘出另一条三维多段线；

（14）保存该图形；

（15）在 UCS 工具栏上单击 3 点 UCS 工具，分别建立 3 个用户坐标系，并命名保存之，如图 4-22、图 4-23 和图 4-24 所示；

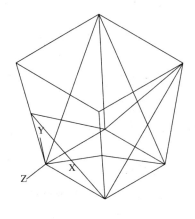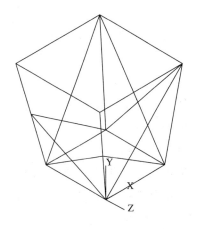

图 4-22　建立 Front 用户坐标系　　　　　　图 4-23　建立 Side 坐标系

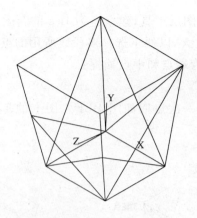

图 4-24 建立 Back 用户坐标系

(16) 选中 FRONT 作为当前的 UCS；

(17) 选择菜单[绘图]→[圆弧]→[起点,终点,方向]，在 Front 侧面上绘制圆弧，所绘圆弧如图 4-25 中左图所示；

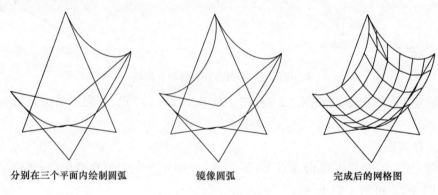

分别在三个平面内绘制圆弧   镜像圆弧   完成后的网格图

图 4-25 绘制过程

注意：绘制圆弧时一定要用捕捉，可在执行圆弧命令前设置自动捕捉方式为中点、端点和交点。

(18) 执行步骤 3 将 Side 作为当前 UCS，重复 4 在侧面上绘制圆弧；

(19) 执行步骤 3 将 Back 作为当前 UCS，重复 4 在侧面上绘制圆弧；

下一步，将把侧面边界以镜像方式拷贝到对面的位置，这就省略了为对面定义 UCS：

(20) 键入 UCS↓，回车，返回 WCS；

(21) 单击为椅子侧面所画的圆弧（画在 Side UCS 上的圆弧）；

(22) 单击圆弧的中点夹点，然后键入回车或按鼠标右键后在弹出菜单中选择镜像，进入＊＊镜像＊＊模式；

(23) 键入 B 表示为镜像轴选择一个新的基点；

(24) 键入 C 选择拷贝选项；

（25）在基点提示下，使用交点捕捉单击在 Front 平面上的两条线的交叉点；

（26）继续使用交点捕捉，单击 Back UCS 上 2 条线的交叉点，圆弧应该镜像到相对的侧面；

（27）按两次 Esc 清楚夹点，此时显示如图 4-25 中图所示；

最后，在 4 条圆弧之间建立网格面：

（28）在命令行键入 EDGESURF↲；

（29）依次选择 Front UCS 上画的圆弧，Side UCS 上画的圆弧，以及另外 2 条圆弧，此时网格出现，填充 4 个圆弧之间的空间，如图 4-26 所示；

（30）使用消隐（HIDE）命令来得到更完美的椅子视图，应该如图 4-25 右图所示。保存这个文件。

4.2.5　三维面命令（3DFACE）

图 4-26　完成蝴蝶椅子图

3DFACE 在三维空间中建立一组四边形或三角形的平面，如图 4-27 镂空的顶面就是用 3DFACE 命令构造的。创建三维面时应按逆时针或顺时针的顺序给出顶点坐标，用右手定则确定面的正向。

下拉菜单：[视图]→[建模]→[网格]→[三维面]

命令行：3DFACE(3f)

指定第一点或[不可见]：

指定第二点或[不可见]：

指定第三点或[不可见]＜退出＞：

指定第四点或[不可见]＜创建三侧面＞：

指定第三点或[不可见]＜退出＞：

指定第四点或[不可见]＜创建三侧面＞：

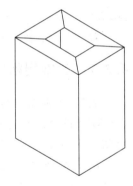

图 4-27　3DFACE 面

指定第三点或[不可见]＜退出＞：

AutoCAD 重复第三点和第四点提示直到用户按下回车键。

注：（1）输入完四个顶点后，构成一个 3DFACE 面，3DFACE 命令继续提示输入第三点、第四点，此时是以前一个 3DFACE 面的第三点，第四点作为下一个面的第一点和第二点，因此用户需注意输入点的顺序。

（2）默认情况下，3DFACE 的各条边均显示出来。要使一个三维面的某些边不显示，只需在 3DFACE 命令中在输入这条边的起始点坐标前先输入 I(invisible 不可见)，回车，再输入坐标，该条边就不会显示出来。

（3）用填充体 SOLID 命令绘制的实心的二维图形，类似于三维面，若具有厚度，则显示类似于带有顶面的三维实体。具有一定宽度的 PLINE 对象具有厚度后，也同样显示出有顶面的效果。

4.2.6 边的可见性(EDGE)

下拉式菜单:[绘图]→[建模]→[网格]→[边]

命令行:EDGE

指定要切换可见性的三维表面的边或[显示(D)]:输入 d 或选择边

1. 选择边

在提示下直接单击可见边将使其不可见,同时以虚线显示该边表示的 3DFACE 面的各边。单击不可见边的虚线,可使该边可见。

2. 显示

在提示下输入 d,表示虚线亮显三维面的不可见边以便可以重新显示它们。这时提示为:

输入用于隐藏边显示的选择方法[选择(s)/全部选择(A)]<全部选择>:输入一个选项或按 Enter 键

若键入 A 或直接回车,则亮显所有三维面的隐藏边;键入 S,表示亮显选取的三维面的隐藏边。

注:对三维面的边的可见性的修改,也可在"特性"面板中完成。

4.2.7 三维网格

若能将曲面分成一个网格阵列,并已知网格上每一个顶点的坐标,可使用三维网格(3DMESH)命令。假定有一块土地调查的数据,可使用 3DMESH 来把数据转换成它的地形图。另一个 3DMESH 的用途是将数学数据绘制成公式的图形。

因为在网格中,必须为每个顶点键入坐标,所以,3DMESH 更适合于命令文件或 AutoLISP 程序,在那里,一系列的坐标可自动地按顺序应用到 3DMESH 命令中。

下拉式菜单:[绘图]→[建模]→[网格]→[三维网格]

命令行:3DMESH

输入 M 方向上的网格数量:输入一个数值(2~256)

输入 N 方向上的网格数量:输入一个数值(2~256)

指定顶点的位置(o,o):输入一个 2D 坐标或 3D 坐标

1. 选项含义及要点

一个多边形网格由 M 和 N 定义的矩阵确定,MXN 等于网格顶点的数目。网格中每一个顶点的位置由 m 和 n(分别表示行和列)确定。顶点由((0,0)点开始。必须先提供 m 行上的每一个顶点坐标,再输入 m+1 行上的每一个顶点坐标。M 和 N 的方向由顶点的坐标决定。3DMESH 多边形网格在 M 和 N 方向上总是开放的,可以用 PEDIT 命令封闭它。

2. 建立一个任意网格面

实例请见图 4-28 所示。

命令:3DMESH

输入 M 方向上的网格数量:4

输入 N 方向上的网格数量:3

指定顶点的位置(0,0):10,1,3

指定顶点的位置(0,1):10,5,5

指定顶点的位置(0,2):10,10,3

指定顶点的位置(1,0):15,1,0

指定顶点的位置(1,1):15,5,0

指定顶点的位置(1,2):15,10,0

指定顶点的位置(2,0):20,1,0

指定顶点的位置(2,1):20,5,−1

指定顶点的位置(2,2):20,10,0

指定顶点的位置(3,0):25,1,0

指定顶点的位置(3,1):25,5,0

指定顶点的位置(3,2):25,10,0

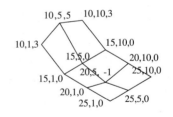

图 4-28 3DMESH 命令构造的曲面

4.2.8 多面网格(PFACE)

多面网格类似于三维网格。两种网格都是逐点构造的,因此可以创建具有不规则形状的表面。通过指定各个顶点,然后将这些顶点与网格中的面关联,可以定义多面网格可以将多面网格作为一个单元来编辑。

多面网格适合通过应用程序来实现。

命令行:PFACE

指定顶点 1 的位置:指定一点

指定顶点 2 的位置或<定义面>:指定一点或按 Enter 键

指定顶点 n 的位置或<定义面>:Enter 键

面 1,顶点 1:

输入顶点编号或[颜色(c)/图层(L)]:输入一个编号或输入一个选项

1. 各选项含义及要点

(1)该命令要求首先给出该多边形网格所有顶点的坐标值;

(2)顺序指出每个面上的顶点编号(1 到 n);

(3)在要求输入顶点号码的提示下,也可输入 C 表示指定该面的颜色。提示变为:输入颜色编号或标准颜色名<随层>:输入一个颜色编号或名称,或按 Enter 键;

(4)在要求输入顶点号码的提示下,也可输入 L 表示指定该面的层。提示变为:输入图层名<0>:输入一个图层名或按 Enter 键;

(5)若使该面的某条边不可见,可在输入该边顶点号码时,用负数表示,如−7。

2. 建立如图 4-29 所示的多面网格

命令行:PFACE

指定顶点 1 的位置:指定 1 点

指定顶点 2 的位置或<定一面>:指定 2 点

指定顶点 3 的位置或<定一面>:指定 3 点

指定顶点 4 的位置或<定一面>:指定 4 点

指定顶点 5 的位置或<定一面>:指定 5 点

指定顶点 6 的位置或<定一面>:指定 6 点

指定顶点 7 的位置或<定一面>:按 Enter 键

面 1,顶点 1:输入顶点编号或[颜色(C)/图层(L)]:1

面 1,顶点 2:输入顶点编号或[颜色(C)/图层(L)]:2

面 1,顶点 3:输入顶点编号或[颜色(C)/图层(L)]:3

面 1,顶点 4:输入顶点编号或[颜色(C)/图层(L)]:按 Enter 键

面 2,顶点 1:输入顶点编号或[颜色(C)/图层(L)]:3

面 2,顶点 2:输入顶点编号或[颜色(C)/图层(L)]:4

面 2,顶点 3:输入顶点编号或[颜色(C)/图层(L)]:5

面 2,顶点 4:输入顶点编号或[颜色(C)/图层(L)]:6

面 2,顶点 5:输入顶点编号或[颜色(C)/图层(L)]:2

面 2,顶点 6:输入顶点编号或[颜色(C)/图层(L)]:按 Enter 键

面 3,顶点 1:输入顶点编号或[颜色(C)/图层(L)]:按 Enter 键

图 4-29　多面网格

4.2.9　预定义三维曲面(3D)

对于一些特定几何形状的曲面,可用 3D 命令迅速生成。也可在命令行用 ai_后加上形状名来直接创建,如键入 ai_box,可创建长方体表面。

命令行:3D

输入选项

[长方体表面(B)/圆锥面(C)/下半球面(DI)/上半球面(DO)/网格(M)/棱锥面(P)/球面(S)/圆环面(T)/楔体表面(W)]:

1. 长方体表面(B)

指定长方体角点:输入长方体基面的左下角点的坐标

指定长方体长度:输入长度值

指定长方体表面的宽度或[正方体(c)]:输入宽度值,或输入 C,表示正方体

指定长方体高度:指定距离

指定长方体表面绕 Z 轴旋转的角度或[参照(R)]:指定角度或输入 R

(1) 旋转角度。

绕长方体的第一个角点旋转长方体。如果输入 0，那么保持与当前 X 和 Y 轴正交。

（2）参照。

将长方体与图形中的其他对象对齐，或按指定的角度旋转。旋转的基点是长方体的第一个角点。

指定参考角＜0＞：指定点、输入角度或按 Enter 键

通过指定两点或 XY 平面上与 Y 轴之间的角度，可以定义参考角。例如，旋转长方体，使长方体上指定的两点与两个对象上的一个点对齐。在定义参考角后，指定参考角要对齐的点。然后长方体绕一个角点，按照参照角指定的旋转角度进行旋转。见图 4-30 所示。

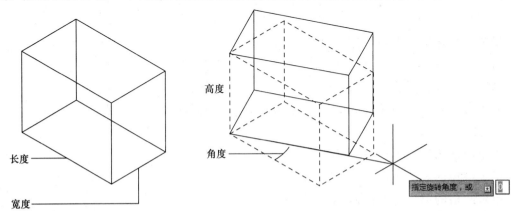

图 4-30　长方体表面

如果输入 0 作为参照角，那么，新角度单独决定长方体的旋转。

指定新的旋转角度，可相对于基点指定一点，旋转的基点是长方体的第一个角点，长方体按照参照角和新角度之一旋转。如果要让长方体与另一对象对齐，那么，需要在目标对象上指定两点，以定义长方体旋转的新角度。

如果参照的旋转角为 0°，那么，长方体以所输入的相对其第一个角点的角度距离旋转。

2．圆锥面（C）

指定圆锥体底面的中心点：指定点 1

指定圆锥面底面的半径或［直径（D）］：输入距离或 D

指定圆锥面顶面半径或［直径（D）］＜0＞：输入距离、输入 d 或按 Enter 键

指定圆锥面的高度：输入距离

输入圆锥面表面的线段数＜16＞：输入大于 1 的值或按 Enter 键

参见图 4-31 所示。

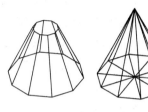

图 4-31　圆锥面

3. 下半球面(DI)

指定下半球中心点:指定点(1)

指定下半球面的半径或[直径(D)]:指定距离或输入 d

输入下半球表面的经线数目<16>:输入大于 1 的值或按
Enter键

输入下半球表面的纬线数目<8>:输入大于 1 的值或按
Enter键

图 4-32　下半球面

参见图 4-32 所示。

4. 上半球面(DO)

指定上半球中心点:指定点(1)

指定上半球面的半径或[直径(D)]:指定距离或输入 d

输入上半球表面的经线数目<16>:输入大于 1 的值或按 Enter 键

输入上半球表面的纬线数目<8>:输入大于 1 的值或按 Enter 键

5. 网格(M)

指定网格的第一角点:输入第一个角点

指定网格的第二角点:输入第二个角点

指定网格的第三角点:输入第三个角点

指定网格的第四角点:输入第四个角点

输入 M 方向上的网格数量:输入一个数值(2~256)表示 M
方向的顶点数

输入 N 方向上的网格数量:输入一个数值(2~256)表示 N 方
向的顶点数

图 4-33　网格

参见图 4-33 所示。

6. 棱锥面(P)

指定棱锥面底面的第一角点:指定点(1)

指定棱锥面底面的第二角点:指定点(2)

指定棱锥面底面的第三角点:指定点(3)

指定棱锥面底面的第四角点或[四面体(T)]:指定点(4)或输入 t

指定棱锥面顶点或[棱(R>/顶面(T)]:指定点(5)或输入选项

(1) 将棱锥的顶面定义为棱。

棱的两个端点的顺序必须和底面相对应,以避免出现自交线框。

指定棱锥面棱的第一端点:指定点(1)

指定棱锥面棱的第二端点:指定点(2)

(2) 顶面。

将四面体的顶面定义为三角形。如果顶面的点交叉,那么将创建自交的多边形网格。

指定四面体顶面的第一角点:指定点(1)

指定四面体顶面的第二角点:指定点(2)

指定四面体顶面的第三角点:指定点(3)

参见图 4-34 所示。

图 4-34　棱锥面

7. 球面(S)

指定球体中心点:指定点(1)

指定球面的半径或[直径(D)]:指定距离或输入 d

输入球体表面的经线数目<16>:输入大于 1 的值或按 Enter

输入球体表面的纬线数目<16>:输入大于 1 的值或按 Enter

8. 圆环面(T)

指定圆环面的中心点:指定点(1)

指定圆环面的半径或[直径(D)]:指定距离或输入 d

指定圆管半径或[直径(D)]:指定距离或输入 d

圆环的圆管半径是指从圆管的中心到其最外边的距离。

输入环绕圆管圆周的线段数目<16>:输入大于 1 的值或按 Enter 键

输入环绕圆环面圆周的线段数目<16>:输入大于 1 的值或按 Enter 键

参见图 4-35 所示。

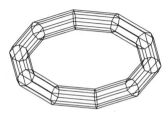

图 4-35　圆环面

9. 楔体表面

指定楔体角点:指定点(1)

指定楔体长度:指定距离

指定楔体表面宽度:指定距离

指定楔体高度:指定距离

指定楔体表面绕 Z 轴旋转的角度:指定角度

参见图 4-36 所示。

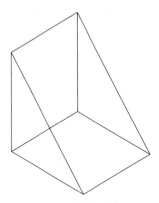

图 4-36　楔形表面

4.3　编辑曲面

如果想增加多边形网格中矩形的数目,可改变 Surftabl 和 Surftab2 系统变量。SUR-FT-AB1

控制了 M 方向的矩形格数;SURFTAF32 控制了 N 方向的格数。这两个方向可大致地描述为网格的 X、Y 轴,M 为 X 轴,N 为 Y 轴。SURFTAB1 和 SURFTAB2 的默认值都是 6。如果需网格具有不同的网格数目设置,必须先擦去现存的网格,改变 SURFTAB1,SURFTAB2 设置,并再次使用多边形网格命令来定义这些网格。

4.3.1　编辑网格(PEDIT)

用 PEDIT 命令来编辑网格,类似编辑多段线。当你执行 PEDIT 并单击一个网格后,得到类似编辑多段线的提示。相同选项请参照编辑多段线的操作。

下拉式菜单:[修改]→[多段线]

命令行:PEDIT

选择对象:选择多边形网格对象

输入选项[编辑顶点(E)/平滑表面(s)/非平滑(D)/M 向闭合/N 向闭合/放弃(U)]:输入一个选项或按 Enter 键结束命令

选项含义:

(1)编辑顶点(E):编辑网格结点;

(2)滑表面(S):类似于编辑多段线中的样条曲线选项,不再用顶角点定义的网格形状,而是调整平滑网格的形状,因而把网格的顶角当作拉网格的控制点——就像 spline 定义点拉出 spline 曲线一样;

(3)非平滑(D)与平滑表面(S)的效果相反;

(4)M 向闭合/N 向闭合关闭 m 方向或 n 方向的网格,当使用了任一选项提示行将由 M 向闭合/N 向闭合分别改为 M 向打开/N 向打开,让你打开关闭的网格。

4.3.2　网格曲面的类型

三维多边形网格通过 PEDIT 命令的平滑表面(S)选项可以使网格平滑成样条曲面贝塞尔分曲面。曲面类型由系统变量 Surftype 控制,分别为二次 B 样条曲面、三次 B 样条曲面和贝塞尔曲面。

SURFTYPE=5,二次 B 样条曲面

SURFTYPE=6,三次 B 样条曲面

SURFTYPE=8,贝塞尔曲面

用户设置 SURFTYPE 值分别为 5、6、8 的情况下,使用观察生成的三种曲面。

对于表面平滑后的曲面,也是通过一组由曲线表示的网格显示出来,系统变量 SURFU 和 SUKFV 分别控制 M 和 N 向上的曲面密度。请注意不要与系统变量 SURTAB1,SURTAB2 混淆。应先设置 SURFU 和 SURFV 值,再执行 PEDIT 命令的平滑表面选项。值越大,曲面的光滑度越高。

4.3.3 编辑网格中的顶点

如果要在网格中移动一个特定的顶点,可用 PEDIT 命令的编辑顶点选项,如下所示:

输入选项[下一个(N)/上一个(P)/左(L)/右(R)上(U)/下(n)/移动(M)/重生成(RE)/退出(X)]<当前选项>:输入一个选项或按 Enter 键

并且有一个 X 出现在要编辑的顶点上,如图 4-37 所示。

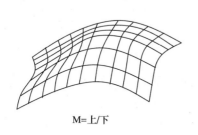 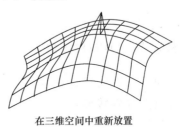

M=上/下 在三维空间中重新放置

图 4-37 编辑网格中的顶点

操作步骤是先通过前 6 个选项找到要编辑的顶点,再选择移动(M)选项,输入新的顶点位置。

编辑顶点更方便的操作是在命令状态下单击网格对象,使夹点显示出来,再使顶角夹点激活,输入新的坐标即可。

4.3.4 分解网格

多边形网格由一组三维平面组成,执行 EXPLODE 命令可将其分解为多个三维面,单独进行编辑。

4.4 三维操作命令

AutoCAD 提供了三维空间中移动和复制实体的 6 个工具:3DMOVE,3DROTATE,ALIGN,3DALIGN,Mirror3D 和 3DARRAY,菜单如图 4-38 所示。在三维空间对图形编辑时它们是非常有用的工具。

图 4-38 三维移动

4.4.1 三维移动

三维移动与二维移动的区别是选择对象后,出现一个三维坐标架,可控制鼠标坐标标架方向上移动。

工具条:建模(三维移动)

下拉式菜单:[修改]→[三维操作]→[三维移动]

命令行:3DMOVE

选择对象:(选定要进行移动的对象)

指定基点或[位移(D)]<位移>:此时在选择点处显示一个坐标架,移动鼠标坐标架跟着移动,单击一点作为基点,坐标架固定在基点处

指定第二个点或<使用第一个点作为位移>:移动鼠标,可沿着坐标架的某一个轴移动,也可任意移动。

4.4.2　三维旋转(3DROTATE)

三维旋转命令可以比较直观地进行三维空间的旋转。选择对象后,出现一个旋转球,可在它上面直接点取旋转轴。

工具条:建模(三维旋转)

下拉式菜单:[修改]→[三维操作]→[三维旋转]

命令行:3DROTATE

UCS 当前的正角方向:ANGDIR＝逆时针 ANGBASE＝0

选择对象:(选定要进行旋转的对象)

指定基点:可以直接选择旋转的基点,这时出现一个由三个相互垂直的不同颜色圆环组成的图标出现,球心点就是旋转的基点,如图 4-39 所示。

拾取旋转轴:(有三个旋转轴分别代表 X,Y,Z)

指定角的起点或键入角度:(确定起点以后就可以进行旋转了)

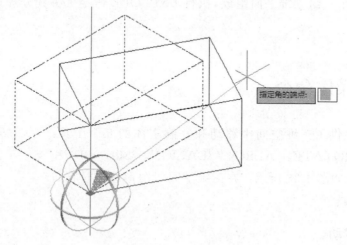

图 4-39　三维旋转

4.4.3　三维对齐(3DALIGN)

三维对齐功能在对象装配时非常有用,通过选择一个面与另一个面贴合的方式来改变对齐的位置和方向。如图 4-40 左边的两个物体,按照 A-a,B-b,C-c 的对齐方式立即就可以得到右边结果。

工具条:建模(三维对齐)

下拉式菜单:[修改]→[三维操作]→[三维对齐]

命令行:3DALIGN

选择对象:(选择需要进行对齐的对象,如图 4-40 所示的有 A,B,C 三个角点的立方体)指定源平面和方向…

指定基点或[复制(C)]:(选择 A 点)

指定第二个点或[继续(c)]<C>:(选择 B 点)

指定第三个点或[继续(c)]<C>:(选择 C 点)

指定目标平面和方向…

指定第一个目标点:(选择 a 点)

指定第二个目标点或[退出(X)]<X>:(选择 b 点)

指定第三个目标点或[退出(X)]<X>:(选择 c 点)

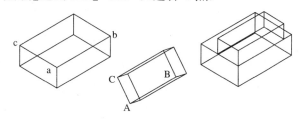

图 4-40　三维对齐

4.4.4　对齐命令(ALIGN)

对齐命令(ALIGN)不仅具有三维对齐功能,还可以用其实现对象在三维空间中移动、旋转和缩放的功能。

下拉式菜单:[修改]→[三维操作]→[对齐]

命令行:ALIGN

选择对象:选择要对齐的对象并按 Enter 键

(1)使用一对点,此时的功能相当于移动。

指定第一个源点:指定点(1)

指定第一个目标点:指定点(2)

指定第二个源点:按 Enter 键

当只选择一对源点和目标点时,对象在二维空间或三维空间中从源点(1)移动到目标点(2),如图4-41所示。

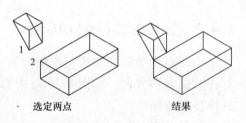

选定两点　　　　　结果

图 4-41　使用一对点

(2) 使用二对点,可以达到移动、旋转和缩放的功能。

指定第一个源点:指定点(1)

指定第一个目标点:指定点(2)

指定第二个源点:指定点(3)

指定第二个目标点:指定点(4)

指定第三个源点:按 Enter 键

是否基于对齐点缩放对象?[是(Y)/否(N)<否>:输入 Y 或按 Enter 键

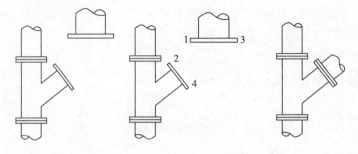

图 4-42　使用二对点

当选择两对点时,选择的对象可以在 2D 或 3D 空间中移动、旋转、缩放,以对齐另一个物体。第一对源点和目标点定义了对齐的基准点(1,2),第二对点定义了旋转角度(3,4)。当第二队点输入后,提示为缩放比例。AutoCAD 使用第一目标点和第二目标点之间的距离作为物体被缩放的参考长度。只有使用两对点时才要求输入比例缩放系数。

(3) 使用三对点,此时功能同三维对齐。

指定第一个源点:指定点(1)

指定第一个目标点:指定点(2)

指定第二个源点:指定点(3)

指定第二个目标点:指定点(4)

指定第二个源点:指定点(5)

指定第二个目标点:指定点(6)

当选择三对点时,物体可以在 3D 空间中移动和旋转以对齐另一个物体。物体从源(1)移动到目标点(2),源点(1,3)旋转以对齐目标点(2,4),源点(3,5)再旋转以对齐目标点(4,6)。如图4-43所示。

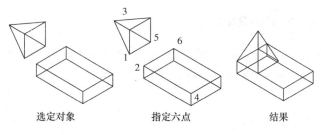

| 选定对象 | 指定六点 | 结果 |

图 4-43 使用三对点

4.4.5 三维镜像命令(MIRROR3D)

以三维空间中任一平面镜像物体。

下拉式菜单:[修改]→[三维操作]→[三维镜像]

命令:MIRROR3D

指定镜像平面(三点)的第一个点或[对象(O)/最近的(L)/Z 轴(z)/视图(V)/XY 平面 (XY)/YZ 平面(YZ)/ZX 平面(ZX)/三点(3)]

(1) 对象(O):以选择的对象所确定的平面为镜像面;

(2) 最近的(L):前一次选择的镜像面;

(3) Z 轴(Z):倾斜 Z 轴得到的 XY 平面作为镜像面;

(4) 视图(V):视图平面为镜像面;

(5) XY 平面(XY)/YZ 平面(YZ)/ZX 平面(ZX>分别以 XY(/YZ/ZX)平面作为 镜像;

(6) 三点(3):三点确定一个平面作为镜像面。

如图 4-44 所示。

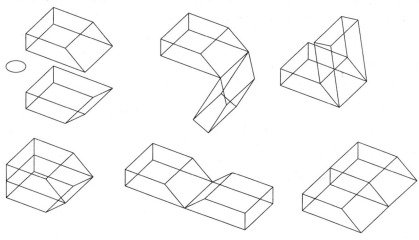

图 4-44 三维镜像

4.4.6 三维阵列命令(3DARRAY)

沿 X,Y,Z 三个方向形成矩形阵列,或在空间中以一个轴线旋转形成圆形阵列。

下拉式菜单:[修改]→[三维操作]→[三维阵列]

命令行:3DARRAY

选择对象:使用对象选择方式

整个选择集将被视为单个阵列元素。

输入阵列[矩形(R)/环形(P)]<矩形>:输入选项或按 Enter 键

1. 矩形阵列

在行(X 轴)、列(Y 轴)和层(Z 轴)矩阵中复制对象。一个阵列必须具有至少两个行、列或层。

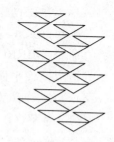

输入行数(———)<1>输入正值或按 Enter 键

输入列(|||)<1>:输入正值或按 Enter 键

输入层次数(…)<1>:输入正值或按 Enter 键

指定行间距(———):指定距离

指定列间距(|||):指定距离

指定层间距(…):指定距离

图 4-45 矩形阵列

正数值沿 X,Y,Z 轴的正向生成阵列,负数值沿 X,Y,Z 轴的负向生成阵列,如图4-45所示。

2. 圆形阵列

输入阵列中的项目数目:输入正值

指定要填充的角度(+=逆时针,-=顺时针)<360>:指定角度或按 Enter 键

指定的角度决定 AutoCAD 围绕旋转轴旋转阵列元素的间距。正数值表示沿逆时针方向旋转,负数值表示沿顺时针方向旋转,如图 4-46 所示。

旋转阵列对象?[是(Y)/否(N)]<是>:输入 Y 或 n 或按 Enter 键

输入 y 或按 Enter 键将旋转每个阵列元素。

指定阵列的中心点:指定点(1)

指定旋转轴上的第二点:指定点(2)

对象旋转　　　　　　对象不旋转

图 4-46 图形阵列

课后练习

1. 绘制如下沙发图。

提示:(1)WCS 绕 X 轴转 90°成为当前 UCS;

（2）用 PLINE 命令（多段线）构造沙发扶手的折线，PEDIT 命令的 s 选项使其成曲线 1；

（3）在 WCS 下复制曲线 1 到 2，3，4 处，曲线 3 旋转 45°，曲线 4 旋转 90°，MIR-ROR 命令复制出其余曲线，如图 4-47 所示；

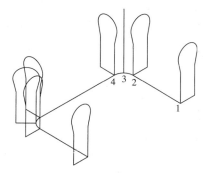

图 4-47　绘制沙发曲线

（4）用 ARC 命令和 lINE 命令连接各曲线的端点；

（5）EDGESURF 命令分别以相接的四条曲线为边构造出多个网格曲面；

（6）补上坐垫和扶手前面的面。如图 4-48 所示。

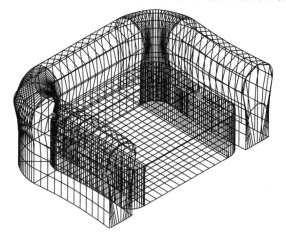

图 4-48　沙发完成图

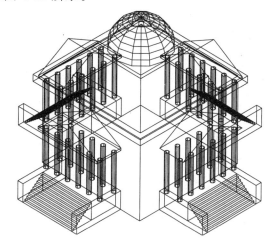

图 4-49　使用预定义表面构造

2. 用 3D 命令提供的各个预定义三维表面，绘制图 4-49 图形。

3. 结合 3DFACE 命令和点过滤器，画一个房子外形图（图 4-50）。

提示：可用 3DFACE 命令构造出房屋的各个侧面及屋顶。图 4-51 为取点顺序。

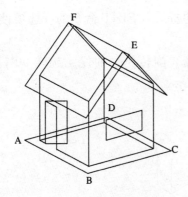

图 4-50　房子外形图

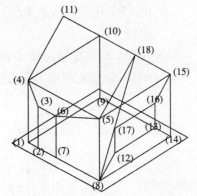

图 4-51　绘制 3DFACE 面的顺序

第5章

三维实心体技术

在前面的章节里,介绍了如何运用线框和曲面(多边形网格)来构造所需要的物体。但在实际工作中,有时必须计算所设计物体的质量、重心、惯性矩等物理特性,而这些物理特性在平面和曲面以及线框所构造的物体上是无法表达的。三维实心体造型技术不仅能精确表示所设计物体的几何特性,而且能准确表达物体的物理属性。因此,三维实心体技术被广泛地应用于工程实践中。

5.1 面域(REGION)

面域是指其内部可以含有孔、岛的具有边界的平面,也可以理解为面域是没有厚度的实心体。用前面讲到的 3DFACE 这样的命令所绘出的平面均不属于面域,因为在这些平面上不能开孔。即使用户用 CIRCLE 等命令在这些平面上绘一些图,也仅仅表示在指定平面上所绘的图形,并不意味着对平面挖出孔或岛。

AutoCAD 可以把有一些对象围成的封闭区域建立成面域,该封闭区域可以是圆(CIR-CLE)、椭圆(ELLIPSE)、三维平面(3DFACE)、封闭的二维多段线(PLINE)以及封闭的样条曲线(SPLINE),也可以是有弧(ARC)、直线(LINE)、二维多段线(PLINE)、椭圆弧(EL-LIPSE)、样条曲线(SPLINE)等形成的首尾端相连的封闭区域。

5.1.1 边界命令(BOUNDARY)

利用边界命令可以将封闭区域自动生成面域,也可以将封闭区域的边界自动生成一条多段线。

工具栏:绘图(边界)

下拉式菜单:[绘图]→[边界]

命令行:BOUNDARY

执行该命令后就出现如图 5-1 所示的对话框,从中可以看出,用该命令可以生成的对象类型有两个:面域和多段线。

这时只要在某一个封闭区域中任意点取一点,系统就自动检测封闭区域的范围并将这

图 5-1　边界创建

个范围自动生成一个面域。如图 5-2 所示,如果选取的点是 A,那么图中阴影部分即自动生成面域。

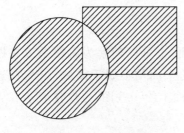

图 5-2　自动生成面域 1

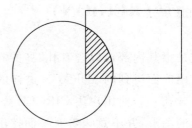

图 5-3　自动生成面域 2

5.1.2　面域命令(REGION)

直接用 REGION 命令生成面域

工具栏:绘图(面域)

下拉式菜单:[绘图]→[面域]

命令行:REGION

选择对象:选择用于生成面域的对象,完成所有选择以后回车。

如图 5-2 中连续选中圆和矩形以后,系统提示:

选择对象:找到 1 个

选择对象:找到 1 个,总计 2 个

选择对象:

已提取 2 个环

已创建 2 个面域

结果生成了一个圆形面域和一个矩形面域,所生成的结果如图 5-3 所示。

提示:

(1) 用户可以对面域进行诸如拷贝、移动这样的编辑操作;

(2) 面域总是以线框的形式显示;

(3) 可以将面域拉伸或旋转成三维实心体;

(4) 如果系统变量 DELOBJ 为 1,建立面域后,原来围成面域的边界对象均被删除;如果该变量为 0,则这些对象不被删除。

5.2　布尔运算

布尔运算有三种运算方式:布尔加、布尔减和布尔交,它们也被称为并集、差集、交集。布尔运算实际上是一种集合运算。必须明确指出在 AutoCAD 中只有实心体和面域才可以参加布尔运算。但与 AutoCAD R12 不同的是:在 R12 版中,用户可以直接对一些封闭区域进行布尔运算,此时,AutoCAD 会自动先将这些区域转变成面域,然后再进行运算;在 R13 版之后,用户必须先对封闭区域建立面域,而后才能对它们进行布尔运算。

对于由基本原型建立的实心体和通过拉伸和旋转操作生成的实心体,通过布尔(Boolean)操作可生成形状更为复杂的实心体。

5.2.1　并集运算(UNION)

功能:并集(Union)运算将建立一个合成实心体与合成面域。合成实心体通过计算两个或者更多现有的实心体的总体积来建立。合成面域通过计算两个或者更多现有面域的总面积来建立,如图 5-4 所示。

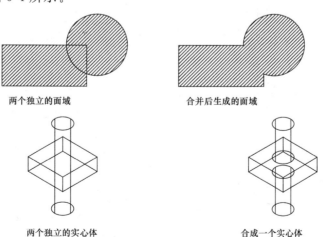

图 5-4　布尔并集运算

工具栏:实体编辑(并集)

下拉式菜单:[修改]→[实体编辑]→[并集]

命令行:UNION

选择对象:选择用于并集运算的面域或实心体。完成所有选择以后回车。

注:若提示为"至少必须选择 2 个实体或共面的面域",表示选择的实体不是实心体或面域,不能进行布尔运算。

5.2.2 差集运算(SUBTRACT)

功能:差集(Subtract)运算对于两个或多个实心体来说就是从一个实心体中将另几个实心体减掉;对面域来说也同样,从一个被选取的面域中减去另一个或几个面域。

工具栏:实体编辑(差集)

下拉式菜单:[菜单]→[实体编辑]→[差集]

命令行:SUBTRACT

这时系统提示:

"选择要从中删除的实体或面域…",也就是说第一个被选取的对象是被减对象。选取以后,用户必须回车确认! 这时系统接着提示:"选择要删除的实体或面域…",这时所选取的对象就是要减去的对象。参见图 5-5 所示。

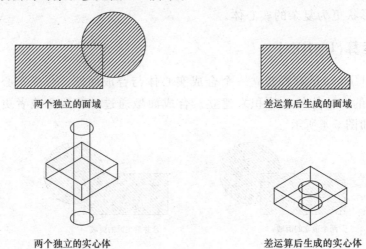

两个独立的面域   差运算后生成的面域

两个独立的实心体   差运算后生成的实心体

图 5-5 布尔差集运算

5.2.3 交集运算(INTERSECT)

功能:交集(Intersect)运算可以从两个或者多个相交的实心体或面域中建立一个合成实心体以及面域。也就是求相交的部分。如果没有相交部分,则操作失败。见图 5-6 所示。

工具栏:实体编辑(交集)

下拉菜单:[修改]→[实体编辑]→[交集]

命令行:TNTERSECT

选择对象:要求选择用于交集运算的对象

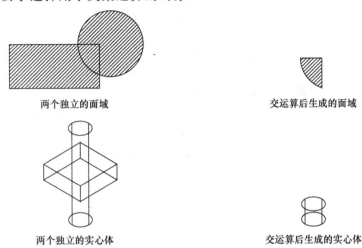

两个独立的面域　　　　　　　　　　　交运算后生成的面域

两个独立的实心体　　　　　　　　　　交运算后生成的实心体

图 5-6　布尔交集运算

注:

(1) 选择的物体数目必须至少为两个,否则系统就会提示:"至少必须选择 2 个实体或共面的面域"。

(2) 如果所选择的对象没有相交,则系统提示:"创建了空实体已经删除",说明交集是空集,并将参与操作的所有对象删除。

5.3 理解实心体模型

实心体模型是一种定义三维实体为实心体形态的方法,这种方法不同于表面连接的框架形态。当用实心体模型建立三维模型时,首先从最基本的模型开始构建——方形体、圆锥体和圆柱体等,这些基本的实心体称为原型(Primatives)。然后对原型进行布尔并、布尔差与布尔交运算,连接得到复杂形状的实心体。例如,建立一个圆管模型,首先建立两个实心圆柱体,其中一个半径较另一个小,将两个圆柱体同心对齐,操作 AutoCAD 把小的圆柱体从大的圆柱体重减去,大的圆柱体就变成了一个空心管子,它的内径就是小圆柱体的直径。如图 5-7 所示。

AutoCAD 为实心体模型提供的原型有:长方体(Box)、楔体(Wedge)、圆锥体(Cone)、圆柱体(Cylinder)、球体(Sphere)、面包圈(Donut or tonus),如图 5-8 所示。

通过对原形的处理,例如布尔运算,可以得到各种复杂的实心体。连接原型生成的实

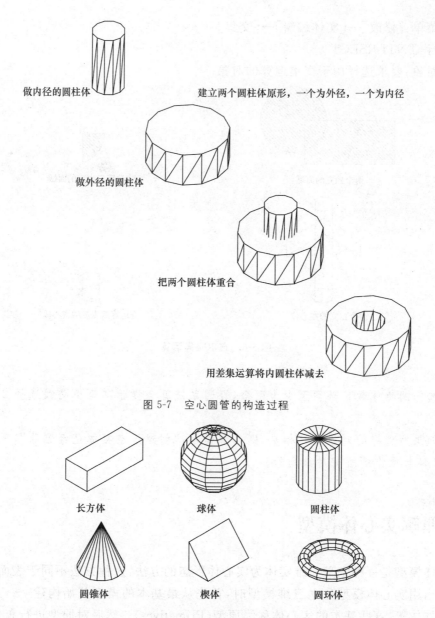

做内径的圆柱体

建立两个圆柱体原形,一个为外径,一个为内径

做外径的圆柱体

把两个圆柱体重合

用差集运算将内圆柱体减去

图 5-7　空心圆管的构造过程

长方体　　　　　　　　球体　　　　　　　　圆柱体

圆锥体　　　　　　　　楔体　　　　　　　　圆环体

图 5-8　空心体模型的几种圆形

心体可以得到各种复杂的实心体(Composite Solids)。可以把原型和原型相连接,组合实心体与其他的组合实心体连接。图 5-9 所示是使用一个立方体和一个圆柱体作布尔运算而形成新的实心体的例子。

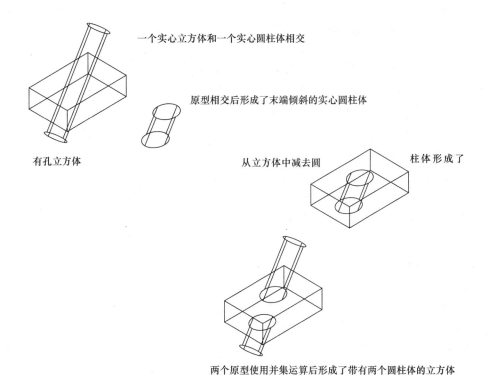

一个实心立方体和一个实心圆柱体相交

原型相交后形成了末端倾斜的实心圆柱体

有孔立方体　　　　　　从立方体中减去圆　　　　柱体形成了

两个原型使用并集运算后形成了带有两个圆柱体的立方体

图 5-9　一个长方体和一个圆柱体作布尔运算

5.4　建立实心体

建立实心体可以使用系统提供的命令,即"实体"工具栏和菜单"绘图"下的"实体"来实现。

5.4.1　Solids 工具栏

工具栏如图 5-10 所示,其上的功能和菜单"绘图"下的"建模"菜单项相对应,"建模"对应下拉式菜单如图 5-11 所示。

图 5-10　"实体"工具栏

图 5-11　"建模"菜单

5.4.2　建立多段体(POLYSOLID)

功能:该功能是 AutoCAD2008 新增加的功能,建立多段体(或者说是多段实心体)。通过 POLYSOLID 命令,用户可以将现有直线、二维多线段、圆弧或圆转换为具有矩形轮廓的实体。

可以使用 POLYSOLID 命令绘制实体,方法与绘制多线段一样。PSOLWIDTH 系统变量设置实体的默认宽度,PSOLHEIGHT 系统变量设置实体的默认高度。

工具栏:建模(多段体)

下拉式菜单:[绘图]→[建模]→[多段体]

命令行:POLYSOLID

指定起点或[对象(O)/高度(H)/宽度(W)/对正(J)]<对象>:

选项含义及操作要点:

(1)"指定起点":指定实体轮廓的起点;

"对象(O)":指定要转换为实体的对象。可以转换:直线、圆弧、二维多段线、圆;

"高度(H)":指定实体的高度。高度默认设置为当前 PSOLHEIGHT 设置。指定的高度值将更新 PSOLHEIGHT 设置。

"宽度(W)":指定实体的宽度。默认宽度设置为当前 PSOLWIDTH 设置。指定的宽度值将更新 PSOLWIDTH 设置。

"对正(J)":使用命令定义轮廓时,可以将实体的宽度和高度设置为左对正、右对正或居中。对正方式由轮廓的第一条线段的起始方向决定。

操作:

命令:POLYSOLID

高度=80.0000,宽度=5.0000,对正=居中

指定起点或对象(O)/高度(H)/宽度(W)/对正(J)]<对象>:O(这时可以选择对象)

选择对象:(可以继续选择)

5.4.3　建立长方体(BOX)

功能:通过输入立方体的几何尺寸,建立实心长方体。

工具栏:建模(长方体)

下拉式菜单:[绘图]→[建模]→[长方体]

命令行:BOX

指定第一个角点或[中心(C)]<0,0,0>:

选项含义及操作要点:

(1)"指定第一个角点":直接输入立方体基面矩形的一个角点。

指定其他角点或[立方体(c)/长度(L)]:输入基面另一角点或 C(正方体)或 l(长度)

"指定角点":如果输入长方体基面的另一个角点的坐标值。这两个角点连线就是立方

体基面的对角线,由此可以确定基面的长和宽,如图 5-11 所示。

基面确定以后,系统要求"指定高度",即输入长方体的高度值,正值沿当前 UCS 的 Z 轴的正方向,负值沿 Z 轴的负方向。

"立方体(C)"——使用该选项建立正方体。

这时候系统要求"指定长度",输入正方体边长就可以生成正方体。

"长度(L)"——通过指定长、宽、高的方式建立一个长方体。X 轴方向为长度,Y 轴方向为宽度,Z 轴方向为高度。

"指定长度":输入立方体的长度值。

"指定宽度":输入立方体的宽度值。

"指定高度值或[两点(2P)]":输入立方体的高度值或用两点的方式确定高度。

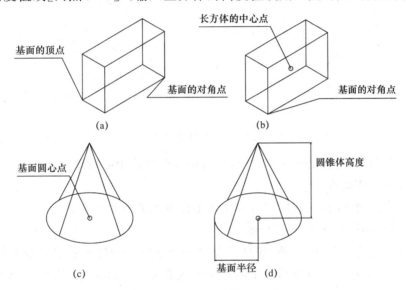

图 5-12　建立长方形

(2)"中心点(CE)":通过指定长方体中心点的方式建立一个长方体,如图 5-12(b)所示。

指定第一个角点或[中心(C)]<0,0,0>c

指定中心<0,0,0>:输入长方体中心点的位置。

指定角点或[立方体(C)/长度(L)]:

该提示行中的选项与操作和上面介绍的相同。

5.4.4　建立楔形体(WEDGE)

功能:建立实心楔形体,输入楔形体底面几何尺寸及楔形体的高度值,即可准确定义一个实心楔形体。楔形体的产生将基于当前构造平面上的一个基面,其斜面的锥度方向与 X 轴方向一致,可以使用的操作步骤如下所列,如图 5-13 所示。其实建立楔形体的方法和过程与建立长方体非常相似。

工具栏:建模(楔体)

拉式菜单:[绘图]→[建模]→[楔体]

命令行:WEDGE

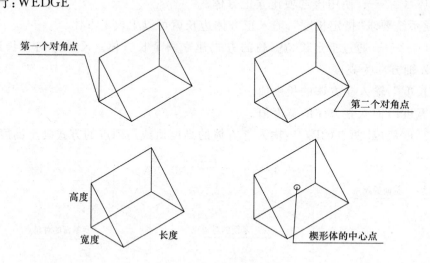

图 5-13　生成楔形体

指定第一个角点或[中心(C)]<0,0,0>:输入楔形体中心或地面角点。

选项含义及操作要点:

(1)"指定第一个角点":该缺省项定义楔形体基面的一个对角点。

指定其他角点或[立方体(C)/长度(L)]:

该提示行中的选项和"长方体(BOX)"命令中出现的相同提示意义完全相同。

(2)"中心点(C)"——通过指定中心点的方式建立一个楔形体,如图 5-13 所示:

指定中心<0,0,0>:要求输入楔形体的中心点

系统缺省设置的中心点位于坐标系统的原点。指定一个不同的中心点后余下的提示和回答操作同上。

5.4.5　建立实心圆锥体(CONE)

功能:建立实心圆锥体,实心圆锥体将基于一个基面圆或者椭圆来建立,输入圆锥体底面几何尺寸和圆锥体的高度,即可定义一个圆锥体。

工具栏:建模(圆锥)

下拉式菜单:[绘图]→[建模]→[圆锥]

命令行:CONE

指定底面的中心点或[三点(3P)/两点(2P)/相切、相切、半径(T)/椭圆(E)]

选项含义及操作要点:

(1)"指定圆锥体底面的中心点"——输入圆形基面圆心点,如图 5-12(c)所示。

指定底面半径或[直径(D)]:输入半径值,D 表示直径

指定高度或[两点(2P)/轴端点(A)/顶面半径(T)]<100.0000>:缺省为输入圆锥体的高度。正值沿 Z 轴正方向,负值则相反。若输入 A 则使用"顶点"选择项,可以在"指定顶点"提示下指定顶点的坐标位置。

(2)"三点(3P)/两点(2P)/相切、相切、半径(T)"都是画圆的方法,确定底面圆的方法,具体操作和画圆相同。底面圆画好以后就需要"指定高度",方法相同。

(3)在"指定高度或[两点(2P)/轴端点(A)/顶面半径(T)]"中有通过"两点(2P)"的方法确定高度,也可以通过"轴端点(A)"的方法确定高度和圆锥轴端点的位置;

(4)在"指定高度或[两点(2P)/轴端点(A)/顶面半径(T)]"的"顶面半径(T)"这一项可以建成锥台,而不是圆锥,在锥台顶面半径确定以后再确定高度。

(5)"椭圆(E)"——如果选择该项,则定义一个基面为椭圆的实心圆锥体。其他选项相同。

5.4.6 建立实心球体(SPHERE)

功能:建立实心球体,输入球心位置尺寸及球的半径或直径值,即可精确定义球体。球体是由网格架来描述,其中心线与当前 UCS 的 Z 坐标轴方向相平行、纬线与当前 UCS 的 XY 平面相平行、径线与该平面相垂直,如图 5-14(e)、(f)、(g)所示。

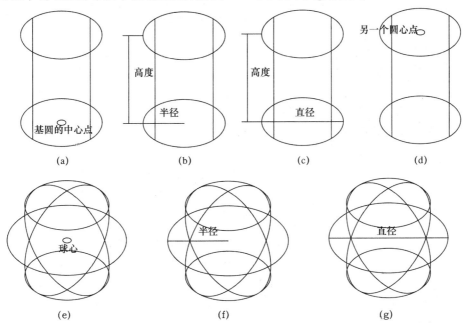

图 5-14 实心圆柱体的定义方法

工具栏:建模(球体)

下拉式菜单:[绘图建模]→[建模]→[球体]

命令行:SPHERE

指定中心点或[三点(3P)/两点(2P)/相切、相切、半径(T)]><0,0,0>:输入球心位置

指定半径或[直径(D)]<100>:输入球的半径或直径

5.4.7 建立实心圆柱体(CYLINDER)

功能:建立实心圆柱体,输入圆柱体底面的尺寸以及圆柱体的高度,即可以定义一个精确的圆柱体。实心圆环体类似于将一个没有厚度与长度的圆管,以垂直同一平面上的一条直线为轴心线旋转后的结果,其图像如一个圆环体,如图 5-15 所示。

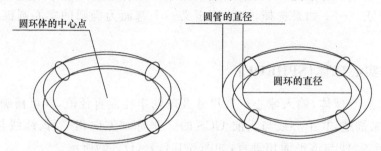

圆环体的中心点　　圆管的直径　　圆环的直径

图 5-15　建立一个圆环体所需要的参数

工具栏:建模(圆柱体)

下拉式菜单:[绘图]→[建模]→[圆柱体]

命令行:CYLINDER

指定底面的中心点或[三点(3P)/两点(2P)/相切、相切、半径(T)/椭圆(E)]<0,0,0>:指定所要绘制的圆柱体基面是圆还是椭圆,缺省为圆。

选项含义及操作要点:

(1)"指定底面的中心点"——指定圆柱体端面的圆心点,也是圆柱体轴心的一个端点,如图 5-14(a)所示。

指定底面半径或[直径(D)]:输入端面圆的半径或直径,如图 5-14(b)、(c)所示。

指定高度或[两点(2P)/轴端点(A)]:输入另一个端面的圆心点或高度值。缺省为定义圆柱体的高度,见图 5-14(d)所示,"[两点(2P)/轴端点(A)]"的含义和圆锥定义相同。

(2)"三点(3P)/两点(2P)/相切、相切、半径(T)"也是确定圆柱体底面圆的方法。

(3)[椭圆(E)]——输入 E,表示建立一个椭圆柱体。

指定第一个轴的端点或[中心(C)]:

在该提示后,如果输入椭圆轴线的一个端点,系统继续提示:

指定第一个轴的其他端点:(确定该点后确定了第一个轴的长度)

指定第二个轴的端点:(该点确定后确定了第二个轴的长度)

指定高度或[两点(2P)/轴端点(A)]:高度确定的方法和前面介绍的相似。

如果选择 C,则基于椭圆的中心点与每一条轴线的半长度建立椭圆柱体。

指定中心点<0,0,0>:输入椭圆的中心点

指定到第一个轴的距离:(该点确定后就确定了第一个轴的半径)

指定第二个轴的端点:(该点确定后就确定了第二个轴的半径)

指定高度或[两点(2P)/轴端点(A)]<100>:输入高度或另一个圆心点。

5.4.8　建立实心圆环体(TORUS)

功能:建立实心圆环体,输入实心圆环体的中心点位置及圆环体半径或者直径及圆管的半径或直径,即可精确定义圆环体。实心圆环体类似于将一个没有厚度与长度的圆管(Tube),以垂直同一平面上的一条直线为轴心线旋转后的结果,其图像如一个圆环体,如图5-15 所示。

工具栏:建模(圆环)

下拉式菜单:[绘图]→[建模]→[圆环]

命令行:TORUS

指定底面的中心点或[三点(3P)/两点(2P)/相切、相切、半径(T)/椭圆(E)]<0,0,0>:输入圆环的中心点或用其他三种方法确定圆环的截面图

指定半径或[直径(D)]<50>:如果指定中心点就必须输入圆环的半径或直径

指定圆管半径或[两点(2P)/直径(D)]<1800>:输入圆管的半径或直径

注:在输入圆环体的半径时,如果输入一个负值就可以生成一个实心体橄榄球。但要求圆环体截面的半径比圆环体半径的绝对值要大,而圆环体截面的半径即圆管的半径不能是负值。

5.4.9　建立实心棱锥体(PYRAMID)

功能:建立三维实体棱锥体。

工具栏:建模(棱锥体)

下拉式菜单:[绘图]→[建模]→[棱锥体]

命令行:PYRAMID

4 个侧面外切

底面的中心点或[边(E)/侧面(S>]:输入棱锥体底面的中心点确定底面形状

(1) 如果指定了中心点,系统提示:

"指定底面半径或[内接(I)]<100>:"则需要确定半径值或者用"内接(I)"某个圆的方法得到圆的半径

（2）如果选择"边(E)"，则系统提示：

定边的第一个端点：(指定一个点作为定边的第一个点)

(指定另边的第二个端点：指定另一个点作为底边的第二个点，两个点之间的距离就是底边的长度，棱锥体的底部是正方形)

当底面定义好以后，系统提示：

指定高度或[两点(2P)/轴端点(A)/顶面半径(T)] <20000>：(这里与圆锥的定义基本相同)

5.4.10　建立平面曲面(PLANESURF)

功能：建立平面曲面，所谓的平面曲面就是由明确的边界定义的曲面。平面曲面和面域是有区别的。定义的方式不同，作用也不同。平面曲面 SURFU 和 SURFV 系统变量控制曲面上显示的行数，面域由于不是曲面，所以不能用这两个系统变量进行设置，也没经纬线。另一个主要区别是：面域可以理解为没有厚度的实体，而平面曲面是曲面。

工具栏：建模(平面曲面)

下拉式菜单：[绘图]→[建模]→[平面曲面]

命令行：PLANESURF

指定第一个角点或[对象(O)<对象>]：

（1）如果通过指定角点的方法定义平面曲面，则只要指定两个角点就可以形成一个长方形的平面曲面；

（2）如果通过"对象"的方法，则和 REGION(面域)定义的方法相同。

5.5　拉伸与旋转实心体

将二维图形通过拉伸或者旋转而生成实心体。实心体的基本体素只有上述所讲的六种，有时不能满足实际需求，AutoCAD2012 的"实体"功能内提供的拉伸与旋转功能可以扩大对实体形状的要求，可以首先定义任意形状的二维面，经过拉伸或旋转而形成一个满足要求的实心体。

5.5.1　拉伸建立实心体(EXTRUDE)

功能：运用拉伸的方法建立实心体，该方法首先要画一个二维图，这个二维图必须是一条封闭的线，或者是面域，或者是 3DFACE 平面，而不能是用 LINE 生成的二维封闭图形。运用该方法可以生成任意截面的且可以带锥度的台状体，如图 5-16 所示。

工具栏：建模(拉伸)

下拉式菜单：[绘图]→[建模]→[拉伸]

命令行：EXTRUDE

选择对象：选择所要拉伸的物体，所选择的物体将作为拉伸体的截面。

指定拉伸的高度或［方向（D）/路径（P）/倾斜角（T）］＜1000＞：输入拉伸路径或拉伸高度

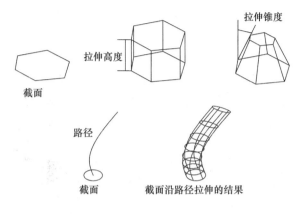

图 5-16　拉伸建立实心体

选项含义及操作要点：

（1）"指定拉伸高度"——对于该缺省选择项给定一个长度值后系统将以此为高度拉伸所选择的物体，拉伸方向将沿当前物体坐标系统的 Z 轴方向；

（2）"方向（D）"——通过指定的两点指定拉伸的长度和方向；

（3）"路径（P）"——该选择项用于指定拉伸的路径，可以作为路径的物体：直线、圆、圆弧线、椭圆、椭圆弧线、多段线和样条线等。截面将沿路径并垂直于路径上每点的切线方向生产一个拉伸实体；

（4）"倾斜角（T）"——输入拉伸锥度角，锥度必须是界于 $-90°$ 至 $+90°$ 之间的角度值。正值将使拉伸后的顶面小于基面，负值则相反。系统缺省设置为 $0°$，即平行于物体坐标系的 Z 轴进行拉伸。如果输入了一个不被系统所接受的角度值，屏幕上将显示提示信息。

注：

（1）被拉伸物体可以是多段线、多边形、圆、椭圆、封闭条样线等封闭实体，但是不可以选择块或自我相交的多段线。所选择多段线至少有 3 个节点，但不得多于 500 个节点。如果选择了有宽度的多段线，将忽略其宽度，仅拉伸中心线。对于有厚度的物体，将忽略其厚度。

（2）由于拉伸建立的是一个三维实心体，因此路径线不应与三维物体轮廓线处于同一个平面上，曲折程度也应当控制在拉伸后的三维物体所支持范围内。例如，路径线为圆弧，所选拉伸物体是圆，若圆的半径大于圆弧的半径就不能构成拉伸实心体，因为沿路径线拉伸后体自交是不允许的。

（3）一旦选择好路径线，该路径线将移动至轮廓线的中心。如果路径是样条线，则应当垂直于路径线一个端点处的轮廓线平面。如果样条线的一个端点位于轮廓线的平面上,则系统将绕该点旋转轮廓线。样条线路径也将移动至轮廓线的中心,并且绕该中心点旋转来满足拉伸的需要。如果路径包括非正切线段,那么拉伸将沿每段线进行。

(4) 正角度表示从基准对象逐渐变细地拉伸,而负角度则表示从基准对象逐渐变粗地拉伸。默认角 0°表示在与二维对象所在平面垂直的方向上进行拉伸。所有选定的对象和环都将倾斜到相同的角度。

5.5.2 拉伸实心体应用实例

生成如图 5-17 所示的两个管状图形。

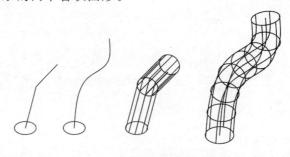

图 5-17 管状图

1. 如图画两个圆,分别以两圆的圆心为起点,做一条多段线和样条线

这里注意:多段线、样条线与圆不能共面,而且样条线只能是二维样条线。

2. 首先沿折线拉伸实心管

命令:EXTRUDE

当前线框密度:ISOLINES=4

选择对象:(选取圆)找到 1 个

选择对象:

指定拉伸的高度或[方向(D)/路径(P)/倾斜角(T)]<2000>:p

选择拉伸路径或[倾斜角(T)]:(选取多段线,即沿多段线拉伸出一个管子)

3. 再沿样条线拉伸实心管

命令:EXTRUDE

当前线框密度:ISOLINES=4

选择对象:(选取圆)找到 1 个

选择对象:

指定拉伸的高度或[方向(D)/路径(P)/倾斜角(T)]<2000>:p

选择拉伸路径:

轮廓垂直于路径。

提示：

（1）用户拉伸的路径可以是直线、圆、圆弧、椭圆、椭圆弧、二维多段线、三维多段线、二维样条曲线、实体的边、曲面的边和螺旋等。路径可以封闭，也可以不封闭。

（2）路径不能与对象处于同一平面内，也不能具有高曲率的部分。

（3）如果拉伸截面的半径大于路径的最小转弯半径，无法生成拉伸体。

（4）如果路径包含不相切的线段，那么程序将沿每个线段拉伸对象，然后沿线段形成的角平分面斜接接头。如果路径是封闭的，对象应位于斜接面上。这允许实体的起始截面和终止截面相互匹配。如果对象不在斜接面上，将对象旋转直到其位于斜接面上。

5.5.3　旋转建立实心体（REVOLVE）

功能：旋转建立实心体的方法可以生成一个旋转的实心体，该方法要求先画出一个二维图，同样该二维图也不能是由 LINE 生成的图形。

工具栏：建模（旋转）

下拉式菜单：［绘图］→［建模］→［旋转］

命令行：REVOLVE

当前线框密度：ISOI_INES＝4

选择要旋转的对象：（这里可以选择旋转实心体的母线，然后回车）

选择要旋转的对象：（可以继续选择母线，直到选择结束）

指定轴起点或根据以下选项之一定义轴［对象（O）/X/Y/Z］＜对象＞:（选择或定轴）

选项含义及操作要点：

（1）"指定旋转轴的起点"——缺省选择项，通过指定两个端点的方法来定义旋转轴线，如图 5-18 所示。

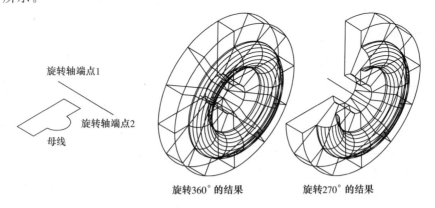

图 5-18　指定两点定义旋转轴线所完成的旋转实心体

指定轴端点：输入下一个端点坐标

指定旋转角度＜360＞:输入旋转的角度，缺省旋转角度为 360°。

（2）"对象(O)"——指定一个当前图形中的物体作为旋转轴线,可以选择的物体有直线和多段线段。选择一个物体后系统要求输入旋转角度,其操作同上。

（3）"X"——使用当前 UCS 的 X 轴为旋转轴,如图 5-19 所示。

（4）"Y"——使用当前 UCS 的 Y 轴为旋转轴,如图 5-19 所示。

（5）"Z"——使用当前 UCS 的 Z 轴为旋转轴。

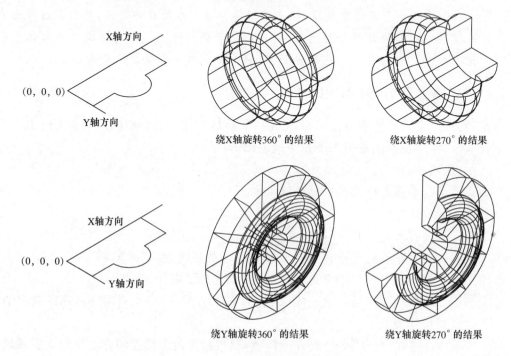

图 5-19　绕当前 X 轴或 Y 轴旋转建立实心体

5.5.4　扫掠(SWEEP)

功能:使用 SWEEP 命令,可以通过沿开放或闭合的二维或三维路径扫掠开放或闭合的平面曲线(轮廓)创建新实体或曲面。SWEEP 沿指定的路径以指定轮廓的形状绘制实体或曲面。

工具栏:建模(扫掠)

下拉式菜单:[绘图]→[建模]→[扫掠]

命令行:SWEEP

当前线框密度:IS()LINES=4

选择要扫掠的对象:(这里可以选择扫掠对象,然后回车)

选择要旋转的对象:(可以继续选择,直到选择结束)

选择扫掠路径或[对齐(/1)/基点(B)/比例(S)/扭曲(T)]:(选择或定义扫掠路径)

选项含义及操作要点:

（1）"对齐（A）"——指定是否对齐轮廓以使其作一为扫掠路径切向的法向。默认情况下，轮廓是对齐的。

（2）"基点（B）"——指定要扫掠对象的基点。如果指定的点不在选定对象所在的平面上，则该点将被投影到该平面上。

（3）"比例（S）"——指定比例因子以进行扫掠操作。从扫掠路径的开始到结束，比例因子将统一应用到扫掠的对象。

（4）"扭曲（T）"——设置正被扫掠的对象的扭曲角度。扭曲角度指定沿扫掠路径全部长度的旋转量。

5.5.5　放样（LOFT）

功能：使用 LOFT 命令，可以通过指定一系列横截面来创建新的实体或曲面。横截曲面用于定义结果实体或曲面的截面轮廓（形状）。横截面（通常为曲线或直线）可以是开放的（例如圆弧），也可以是闭合的（例如圆）。LOFT 用于在横截面之间的空间内绘制实体或曲面，使用 LOFT 命令时必须指定至少两个横截面。图 5-20 所示为横截面放样线和放样后的实体对象。

工具栏：建模（放样）

下拉式菜单：[绘图]→[建模]→[放样]

命令行：LOFT

按放样次序选择横截面：（选择放样截面）

按放样次序选择横截面：（可以继续选择，直到选择全部结束）

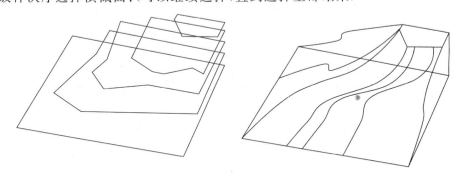

图 5-20　放样线前后的实体对象

输入选项[导向（G）/路径（P）/仅横截面（C）]<仅横截面>：

（1）"仅横截面（C）"——就像图 5-20 所示的那样，仅仅是按照横截面生成放样实体。这时出现如图 5-21 所示的对话框。

图 5-22 所示说明了横截面上曲面控制的三种方法。

如果选择图 5-21 中的"拔模斜度"，就可以指定"起点角度"和"起点幅度"以及"端点角

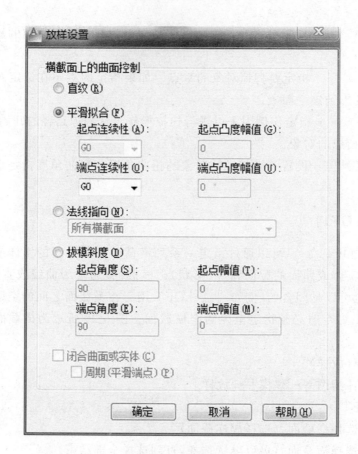

图 5-21 放样设置

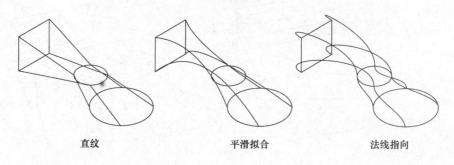

图 5-22 曲面控制的三种方法

度"和"端点幅度"。

"起点角度"——是指定起点横截面的拔模斜度;

"起点幅度"——在曲面开始弯曲向下一个横截面之前,控制曲面到起点横截面在拔模斜度方向上的相对距离。

"拔模斜度"的概念在图 5-23 中可以清楚地看出其含义。

"拔模斜度"为 0 时,放样截面与放样导线在该点的切线在一个平面上,且夹角为 0°;

"拔模斜度"为 90 时,放样截面与放样导线在改点法线垂直;"拔模斜度"为 180 时,放样截面与放样导线在该点的切线在一个平面上,且夹角为 180°。

拔模斜度设置为 0   拔模斜度设置为 90   拔模斜度设置为 180

图 5-23　拔模斜度设置

(2)"导向(G)"——指定控制放样实体或曲面形状的导向曲线。导向曲线是直线或曲线,可通过将其他线框信息添加至对象来进一步定义实体或曲面的形状。可以使用导向曲线来控制点如何匹配相应的横截面,以防止出现不希望看到的效果。从图 5-24 中可以清楚地看出两个截面在 8 条导线曲线的引导下所生成的放样实体。

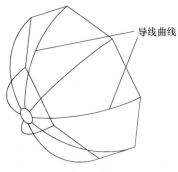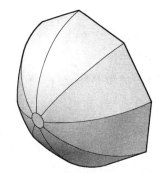

以导线曲线连接的横截面   放样实体

图 5-24

(3)"路径(P)"——指定放样实体或曲面的单一路径。从图 5-25 中可以清楚地看出四个截面在一条路径的引导下所生成的放样实体。

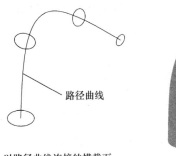

以路径曲线连接的横截面   放样实体

图 5-25　放样实体和曲面

注:该功能是一个非常实用的功能,可以生成很多复杂而且实用的实体对象,再练习时要好好体会并反复实践,当然在练习之前要熟练掌握 UCS 的定义,只有这样,才可以自由地进行截面、导向以及路径的定义。

5.6　倒角与圆角处理(CHAMFER＆FILLET)

三维实心体可以由 AutoCAD2008 所提供的绝大多数命令进行编辑操作,而且操作简单,容易理解。其中,最有使用价值和值得再次一提的是倒角与圆角处理。这两个命令和二维里的命令基本相同。

5.6.1　倒角(CHAMFER)

功能:该命令使用的是在二维时见到过的 CHAMFER 命令,它可以处理实心体的一条边或一个面的所有边,有时又称为倒角。

工具栏:修改(倒角)

下拉式菜单:[修改]→[倒角]

命令行:CHAMFER

("修剪"模式)当前倒角距离 1＝10.0000,距离 2＝10.0000

选择第一条直线或[放弃(U)/多段线(P)/距离(D)/角度(A)/修剪(T)/方式(E)/多个(M)]:

选择倒角的基面边线。当选择了实心体基面上某一边线(实心体的轮廓线)时,该边线与它的对边线将突出显示在屏幕上。如图 5-26 所示,倒角操作只对该边起作用。

缺省选项是"选择第一条直线",当选取一条边后,系统提示:

基面选择…

输入曲面选择选项[下一个(N)/当前(OK)]＜当前＞:选择基面,直接回车,所选面即为确定的面,否则选择 N。

指定基面倒角距离＜10.0000＞:20 指定倒角在基面上的倒角距离。

指定另一表面倒角距离＜10.0000＞:20 指定另一个倒角距离。

选择边或[环(L)]:选择倒角边

选择边或[环(L)]:可以继续选择倒角边

其他选项含义:

(1)"多段线(P)":选择 2D 的 Polyline,即对二维多段线进行倒角处理;

(2)"距离(D)":设定剪切边两相邻平面上距该剪切边的距离;

(3)"角度(A)":设定剪切的夹角;

(4)"修剪(T)":决定 Chamfer 处理以后是否立即进行自动剪切处理,选 T 回车系统提示:

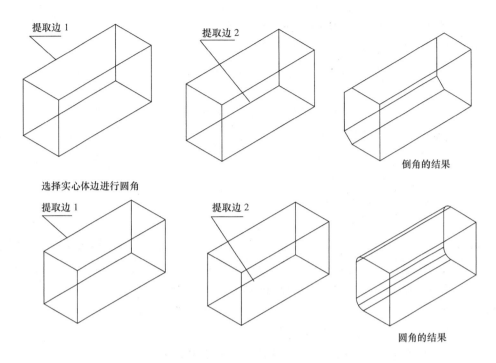

图 5-26　对实心体进行倒角和圆角处理

输入修剪模式选项[修剪(T)/不修剪(N)]<修剪>:缺省为自动剪切;

(5)"方式(E)":输入修剪方法,选择采用 Distance 还是 Angle 来进行倒角处理;

(6)"多个(M)":可以同时对多个边进行处理。

5.6.2　圆角实心体(FILLET)

功能:该功能和上一个倒角实心体相似,使用的是在二维时使用过的 FILLET,它可以处理实心体的一个边或一个面的所有边。

工具栏:修改(圆角)

下拉式菜单:[修改]→[圆角]

命令行:FILLET

·当前模式:模式=修剪,半径=10.0000

选择第一个对象或[放弃(U)/多段线(P)/半径(R)/修剪(T)/多个(M)]:选择圆角实心体的边,如图 5-26 所示。

缺省选项是"选择第一个对象",当选取一条边后,系统提示:

输入圆角半径<10.0000>:20 修改圆角过渡半径值

选择边或[链(C)/半径(R)]:选择圆角处理的边或输入 R(表示半径)或输入 C(表示链)。

选择边或[链(C)/半径(R)]:用户可以继续选择。

其他选项含义:

（1）"多段线(P)"：对 2D 多段线进行圆角处理；

（2）"半径(R)"：设定平滑处理的半径值；

（3）"修剪(T)"：决定 Fillet 处理后是否立即进行自动剪切处理。选 T 回车以后，系统提示：

输入修剪模式选项[修剪(T)/不修剪(N)]<修剪>：缺省为自动剪切

（4）"多个(M)"：可以同时对多个边进行处理。

5.7 剖切处理(SLICE)

功能：剖切处理可以将指定的实心体一分为二，其处理方式是使用定义的一个剖切面横切实心体，让该剖切面将指定的实心体分成两部分。

下拉式菜单：[修改]→[三维操作]→[剖切]

命令行：SLICE

选择要剖切的对象：首先选择一个对象

选择要剖切的对象：用户还可以继续选择，直到选择结束

指定切面的起点或[平面对象(O)/曲面(S)/Z 轴(Z)/视图(V)/XY(XY)/YZ(YZ)/ZX(ZX)/三点(3)]<三点>：

定义一个剖切平面后，系统继续提示：在所需要的侧面上指定点或[保留两个侧面(B)]<保留两个侧面>：输入一个点后保留该点所在侧的物体，而将另一侧的物体删除。若输入 B，则保留两侧的物体。

下面给出定义剪切平面的选项的含义和图示说明。

（1）"三点(3)"：使用三点定义剪切面，如图 5-27 所示。

指定平面上的第一个点：

指定平面上的第二个点：

指定平面上的第三个点：

（2）"平面对象(O)"：使用物体定义剪切面，如图 5-27 所示。选择该项后系统提示：

选择用于定义剖切平面的圆、椭圆、圆弧、二维样条线或二维多段线：用户可以选择一个可以作为剖切面的对象。

在要保留的一侧指定点或[保留两侧(B)]：（该项和前面相同）

（3）"曲面(S)"：选择曲面作为剖切的面。

（4）"Z 轴(Z)"：使用法线定义剪切面，如图 5-28 所示。

指定剖面上的点：输入一点，剖面将经过该点。

指定平面 Z 轴(法向)上的点：（输入一点，剖面的 Z 轴(法线)将经过该点）

在要保留的一侧指定点或[保留两侧(B)]：（该项和前面相同）

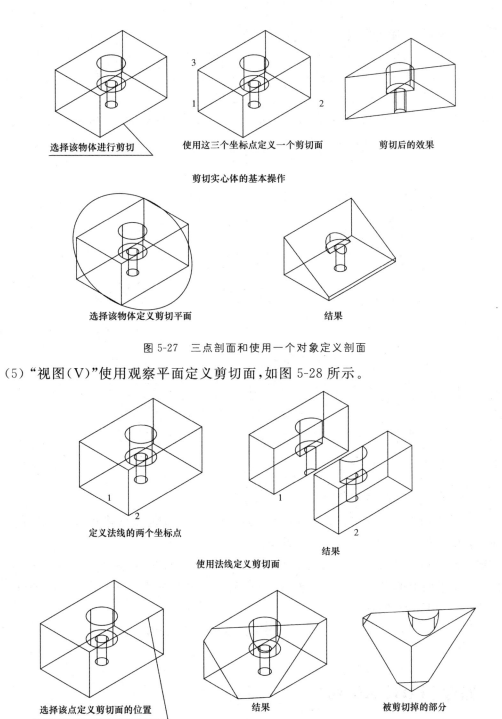

图 5-27　三点剖面和使用一个对象定义剖面

（5）"视图（V）"使用观察平面定义剪切面，如图 5-28 所示。

图 5-28　使用法线和观察平面定义剪切面

指定当前视图平面上的点<0,0,0>:(输入一点,剖面将经过该点并与屏幕平面重合)

在要保留的一侧指定点或[保留两侧(B)]:(该项和前面相同)

注意:对于初学者来说,应当这样理解图 5-28 的操作结果,在屏幕上观察实心体时,观察平面与屏幕是相平行的,在上述提示下输入一个坐标点后,剖切面将位于该点并且仍与屏幕平行。

(5)"XY(XY)/YZ(YZ)/ZX(ZX)":使用坐标平面定义剖切面,如图 5-29 所示。

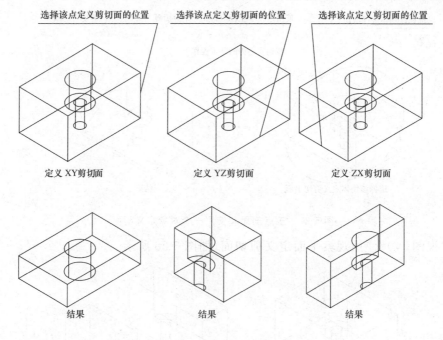

图 5-29 使用坐标轴平面定义剪切面

如果输入的是"X Y",则系统提示:

指定 XY 平面上的点<0,0,0>:(输入一点,剖切面将经过该点并和 XY 平面平行)

同样,如果输入的是"YZ"或"ZX",系统提示分别为:

指定 YZ 平面上的点<0,0,0>:输入一点,剖切面将经过该点并和 YZ 平面平行

指定 ZX 平面上的点<0,0,0>:输入一点,剖切面将经过该点并和 ZX 平面平行

剖面定义好后,系统提示:

再要保留的一侧指定点或[保留两侧(B)]:(该项和前面相同)

5.8　加厚(THICKEN)

功能:将曲面加上厚度,形成有体积的实体。

下拉式菜单:[修改]→[三维操作]→[加厚]

命令行:THICKEN

选择要加厚的曲面:(首先选择一个对象)

选择要加厚的曲面:(用户还可以继续选择,直到选择结束)

指定厚度<200.0000>:(输入厚度值)

5.9 剖面图(SECTION)

功能:该功能可以生产实心物体的剖面。剖面是观察三维物体内部结构的横切面,如图 5-30 所示。剖面是一个基于所选择的实心体建立的新物体,该物体需要使用本书前面所述的内容填充进阴影图案后才变得有实用价值。

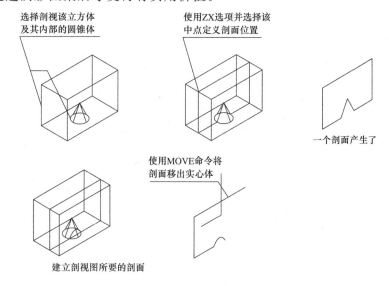

图 5-30 生成截面

该命令在 AutoCAD2008 版本里没有放进工具栏和下拉式菜单。

命令行:SECTION

选择对象:(首先选择一个对象)

选择对象:用户还可以继续选择

指定截面上的第一个点,依照[对象(O)/Z 轴(Z)/视图(V)/XY(XY)/YZ(YZ)/ZX(ZX)/三点(3)]<三点>:

读者这里不难看出,SECTION 命令的使用和 SLICE 命令基本相同,只是它们所得到的结果不同。各选项的含义是完全相同的。

如图 5-30 所示进行操作,将会发现该剖面实际上是一个封闭的多边形并且位于所切的实心体内,剖面建立在当前层上,而不是建立在实心体所在层上。因此,为了能够使用该剖

面,可以参考下列步骤进行操作:

(1) 建立一个新的当前层;

(2) 按上述操作步骤将剖面建立在新层上;

(3) 关闭实心体所在层,以及其他可能影响操作的层;

(4) 将阴影图案填充进剖面内。

也可以按下列步骤进行操作:

(1) 按上述步骤建立好剖面;

(2) 执行 MOVE 命令;

(3) 回答 L,选择移动剖面;

(4) 将剖面移动出实心体,如图 5-30 所示;

(5) 将阴影图案填充进剖面内。

这里应当注意的是:只有当剖面与实心体没有重叠显示在一起时,并且将阴影图案填充进剖面后剖面才变得有实际意义。尤其是初学者应切记:剖面可以作为某种填充图案的边界线来表达工程制图中的物体剖视图,但它不是实心体的一部分。

定义剖视面的方式同定义剪切面相同,这里不再重复。不过,参阅下面各定义剖视面的方法与插图,将有利于掌握建立剖视图的方法。

(1) 使用三点定义剖视面,操作如图 5-31 所示;

(2) 使用物体定义剖视图,如图 5-31 所示;

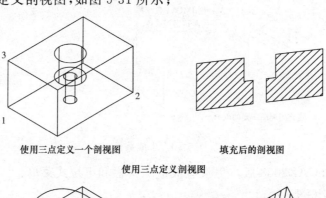

使用三点定义一个剖视图   填充后的剖视图

使用三点定义剖视图

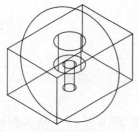
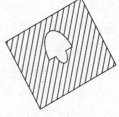

选择该圆定义剖视图   填充后的剖视图

使用一个物体定义剖视图

图 5-31 使用三点或对象定义截面

（3）使用法线定义剪切面，如图 5-32 所示；

（4）使用观察平面定义剖视图，如图 5-32 所示；

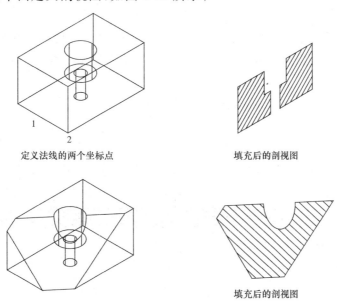

定义法线的两个坐标点　　　　　填充后的剖视图

填充后的剖视图

图 5-32　使用法线或观察平面定义截面

（5）使用坐标轴平面定义剖视图，如图 5-33 所示。

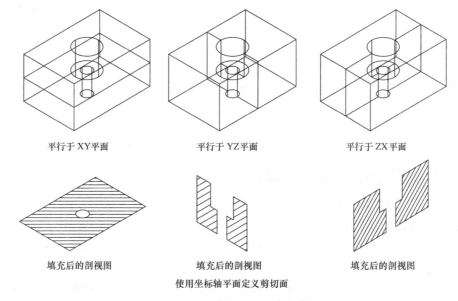

平行于 XY 平面　　　　平行于 YZ 平面　　　　平行于 ZX 平面

填充后的剖视图　　　填充后的剖视图　　　填充后的剖视图

使用坐标轴平面定义剪切面

图 5-33　使用坐标轴平面定义截面

5.10 相交实心体(INTERFERE)

功能:如果图形中存在两个或者多个交集实心体,那么还可以使用它们的共同值来建立一个新实心体,如图 5-34 所示。该功能的一个主要作用是检查两个或多个物体是否发生干涉碰撞。

下拉式菜单:[修改]→[三维操作]→[干涉检查]

命令行:INTERFERE

选择第一组对象或[嵌套选择(N)/设置(S)]:选择第一对象

选择第二组对象或[嵌套选择(N)/检查第一组(K)]<检查>:选择另一个对象

如果有干涉,这时出现如图 5-34 所示的对话框,并将干涉部分高亮显示。

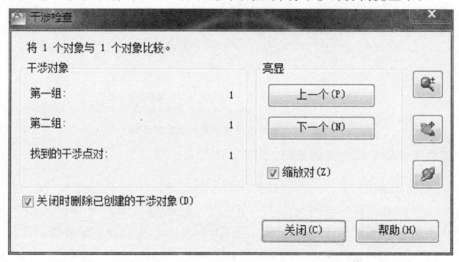

图 5-34 "干涉检查"工具栏

5.11 质量特性(MASSPROP)

质量特性用于描述实心体的物理特性。它包括实心体的质量(Mass)、体积(Volume)、空间尺寸(Bounding box)、重心(Centroid)、惯性矩(Moments of inertia)、惯性体(Products of inertia)、迥转半径(Radii of gyration)和主力矩方向与力矩(Principal moments and directions),其计算将基于当前 UCS 进行。对域(region)来说质量特性表现为面积、重心、空间尺寸和周长。如果域与当前 UCS XY 平面共面,则可以计算惯性矩、惯性体、旋转半径和主力矩方向与力矩等特性。

质量特性将使用当前测量与计量单位制。当使用公制单位时,重量单位为千克,长度单位为毫米。

为了提取质量属性,可以按下列步骤进行操作:

(1) 在 Command 提示下输入 MASSPROP 命令;

(2) 选择要提取质量特性的实心体。

一旦使用任何物体选择方式选择了实心体,屏幕将转为文本方式并且显示其质量特性,如图 5-35 所示。如果选择了多个域,则该命令仅接受共面的第一个被选择的域,而其他的将被忽视。系统列出选择集中的单个实心体与域,并且显示当前层上的质量或者面积的中心点等质量特性。

显示在文本末尾的提示信息询问是否将所提取的质量信息写入一个文本文件。如果对该行提示回答 Y 则写入一个文本文件中,同时屏幕上将提示指定该文件的名称。缺省设置为 N,不写入文件。

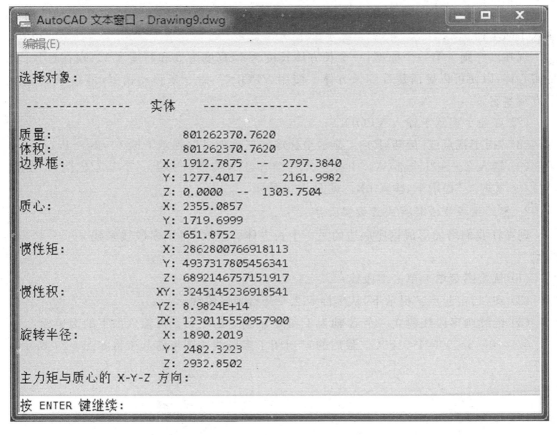

图 5-35 文本窗口

5.12 实例:钢模

下面做一个钢模实例,具体步骤如下:

1. 建立钢模基座

(1) 建立一个称为 Bracket 的新文件;

(2) 设置 Snap 距离为 0.5,并打开栅格(grid)和捕捉(Snap)模式;

(3) 按 F6 打开动态坐标读数。将使用读数在下面的练习中寻找点;

(4) 从"实体"工具栏上单击"长方体"钮;或输入 Box 并回车;

(5) 在"指定第一个角点或[中线(C)]:"提示下,输入@7,5 回车,建立一个长度为 7、宽度为 5 的长方体;

(6) 在下面出现的"指定高度或[两点(2P)]<8>"提示中,输入长方体在 Z 轴的高度。输入 1 回车;

现在已经画了第一个原型,一个长方体长度为 7,宽度为 5 和高度为 1。现在让我们改变实心体,以便可以更清楚看到长方体。使用 VPOINT 命令来移动视图,可在 WCS 的左下方观察它。

(7) 在命令提示下输入 VPOINT;

(8) "指定视点或[旋转(R)]<显示坐标球和三轴架>":提示下输入-1,-1,1;

(9) 输入 Z。在"[全部(A)/中心点(C)/动态(D)/范围(E)/上一个(P)/比例(S)/窗口(W)]<实时>"提示下,输入 6X。见图 5-36 所示。

2. 把二维多段线转换成三维实心体

现在让我们增加形成钢座底边的另一个长方体。这次,将用多段线来建立一个长方体原型。

(1) 从绘图菜单上单击多段线;

(2) 在"指定起点:"提示下,从坐标 5,2.5 开始画多段线;

(3) 继续画多段线建立一个 X 轴为 1 和 Y 轴为 3 的矩形。可输入如下的极坐标:
@1<0@3<90@1<180C。最后的 C 封闭了多段线。图形看起来将如图 5-37 所示;

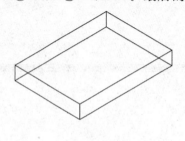

图 5-36 钢座的第一步

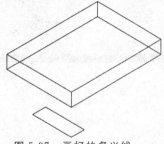

图 5-37 画好的多义线

(4) 在实体工具栏上单击拉伸键,或输入 EXTRUDE;

(5) 在"选择对象提示下:",单击多段线并输入回车;

(6) 在"指定拉伸高度或[路径(P)]上"提示下,输入 1 并输入回车;

(7) 在"指定的拉伸角度:"提示下,输入回车。现在矩型在 Z 轴上拉伸形成一个柱形条,如图 5-38 所示。

现已经在实体工具栏上利用长方体和拉伸画了两个原型一长方体。为了变化目的,我们用多段线转换成实心体来建立较小的长方体,然而也可以用简单的长方体功能来建立它。拉伸将转换多段线、圆轨迹线为实心体(直线、3DFace 和三维多段线则不能拉伸)。

3. 原型连接

现在将两个实心体连接成单个实心体。

(1) 在命令提示下输入 MOVE 命令,选择两个长方体体中较小的一个,并回车;

(2) 在"指定基点或位移:"提示下,选用小长方体前面的左上方边界的中点,使用中点捕捉,如图 5-39 所示;

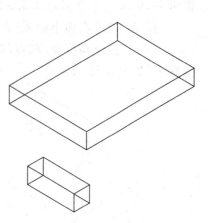

图 5-38　转换后的多段线长方体

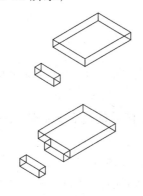

图 5-39　移动小长方体

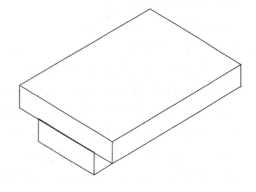

图 5-40　两个连接的长方体

(3) 在"指定位移的第二点或<用第一点作位移>:"提示下,单击大长方体的下边界的中点,如图 5-39 所示;

(4) 从实体编辑工具栏上单击并集或在命令提示行下输入 UNION;

(5) 在"选择对象:"提示下,单击两个长方体并回车。

正如在图 5-40 中所看到的,它们已经连接起来成为一个实体。当选择它的时侯,操作起来也像一个实体。现在有了一个由两个原型组成的组合实心体。

现在让我们在钢座上打上几个洞。在下面的练习中,将会发现如何用负的实心体来切除一部分实心体。

(1) 部分实心体。在实体工具栏上单击圆柱体钮,或输入 CYLINDER;

（2）在"指定底面的中心点或[三点(3P)/两点(2P)/相切、相切、半径(T)/椭圆(E)]："提示下，单击一个坐标为 9,6.5 的点；

（3）在"指定底面半径或[直径(D)]："提示下，输入 0.25；

（4）在"指定高度或[两点(2P)/轴端点(A)]<－1.0000＞："提示下，输入 1.5，圆柱体画好了，如图 5-41 所示；

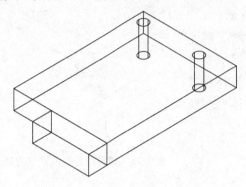

图 5-41　圆柱体加到视图中　　　　　　图 5-42　作消隐后的钢座

（5）以 Y 轴的负方向拷贝圆柱体 3 个单位(units)，具体操作如下：

命令：COPY(回车)

选择对象：(选取圆柱体)找到一个

选择对象：(回车)

指定基点或位移，或者[重复(M)]：0，－3(X 方向不变，向-Y 方向移动 3 个单位)

指定位移的第二点或＜用第一点作位移＞：回车

现在有了圆柱体，但仍需要定义它与由两个长方体连接后的组合实心体之间的关系。

（1）在实体修改工具栏上点击差集钮；

（2）在"选择对象："提示下，单击两个长方体的组合实心体并回车；

（3）在"选择要减去的实体或面域"提示下，单击两个圆柱体并回车，圆柱体现在就在钢座中被减掉了；

（4）要观察实心体，从渲染工具栏上单击消隐命令，将会看的一幅消去隐藏线后的实心体视图，如图 5-42 所示。

正如在前面章节里所看到的，线框视图是很难看懂的，直到你进行了消隐处理前仍不能确切地说出减去的圆柱体实际上是一个洞。经常使用消隐命令，将帮助你了解所画实心体的真实形状。

4. 锥形拉伸

（1）在当前实心体的上方画一个 4×4 的封闭的多段线。将 UCS 移到钢座上面，并从坐标为(0.5,0.5)的点开始，画一个 4×4 的正方形以吻合组合实心体的上表面，如图 5-43 所示。

（2）从修改工具栏上单击圆角。在"选择第一个对象或［放弃（U）/多段线（P）/半径（R）/修剪（T）/多个（M）］："提示下，输入 R 来设置倒圆的半径。

（3）在"输入圆角半径＜2＞："的提示下，输入 0.5。

（4）回车进入圆角命令，然后输入 P 告诉圆角命令，需要对一个多段线倒角。

（5）单击多段线，角变成了圆形。

（6）在实体工具栏上单击拉伸钮，或在命令提示下输入 Extrude。

（7）在选择对象提示下，单击刚才画的多段线并回车。

（8）在"指定拉伸的高度或［方向（D）/路径（P）/倾斜角（T）］＜1.5＞："提示下，输入 4。

（9）在"指定拉伸的倾斜角度＜0＞："提示下，输入 4 代表 4°的锥体度（taper）。拉伸的多段线如图 5-44 所示。

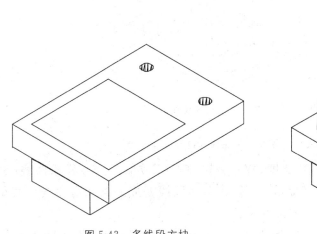
图 5-43　多线段方块

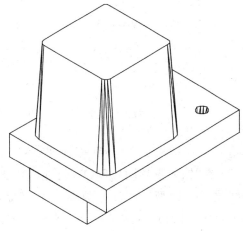
图 5-44　拉伸的多线段

（10）现在把刚建立的部分与原来的实心体连接。要做到这点，从实体编辑菜单选择并集，然后同时单击椎体拉伸的实心体和基地部分并回车。

在上面第 9 步中，可以指定拉伸的锥形度。从 Z 轴规定锥体的度数，或输入一个负的锥度拉伸多段线而没有椎体度。

5. 曲线路经上拉伸

正如在下面的练习中所说明的，拉伸命令可以沿着由多段线、圆弧和三维多段线的路径上拉伸任何多段线形状。

（1）首先在与构件背部正交的垂直平面上设置上一个 UCS。要做到这点只要在 UCS 工具栏上单击"显示 UCS 对话框"钮或输入 Dducsp 回车，UCS 方向对话框出现了。

（2）在对话框中，单击左视，然后单击确定。UCS 将移向零件背面，如图 5-45 所示。

（3）从图 5-45 中 A 所示的点开始画多段线。把 UCS 移到钢模左下角点，然后用多义线画出图中所示的多段线。

（4）从修改工具栏上单击编辑多段线钮，然后单击多段线。

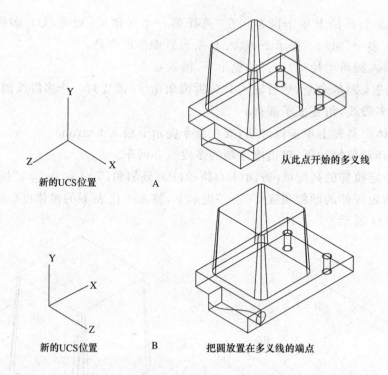

新的UCS位置　　　　A　　　从此点开始的多义线

新的UCS位置　　　　B　　　把圆放置在多义线的端点

图 5-45　设置图形来建立一个曲线的拉伸体

(5) 在"输入选项[打开(O)/合并(J)/宽度(W)/编辑顶点(E)/拟合(F)/样条曲线(S)非曲线化(D)/线型生产(L)/放弃(U)]:"提示下,输入 S,多段线变成一条圆滑曲线。回车退出编辑多线段命令,这是将要用来作拉伸圆的路径。

(6) 通过选择 UCS 工具栏中的世界 UCS 返回 WCS,再选择工具栏上"显示 UCS 对话框"并在对话框里双击"主视"。

(7) 在多段线的开始端点画一个半径为 0.35 的圆,把它放置在图 5-45 中 B 所示的位置。至此,已经建立了拉伸所需的成分。下一步,将完成拉伸的形状。

(8) 从实体工具栏上单击拉伸,然后单击圆并回车。

(9) 在"指定拉伸的高度或[方向(D)/路径(P)/倾斜角(T)]<4.000>:"提示下,输入 P 进入路径选项。

(10) 在"选择拉伸路径"提示下,单击圆滑曲线。Auto-CAD 将暂停一会,并跟随路径产生一个实心管子(tube)。

(11) 从实体编辑工具栏输入差集钮,或输入 SUBTRACT。在"选择对象:"提示下,单击你前面建立的实心体。

(12) 回车,在"选择对象:"提示下,单击曲线实心体。曲线实心体就从锥形拉伸体中减去,如图 5-46 所示。

在这个练习中,我们仅仅用了曲线多段线作为拉伸路径,

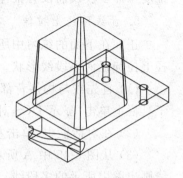

图 5-46　减去曲线体后的实心体

当然还可以用二维或三维多段线、直线和弧线作为拉伸路径。

6. 旋转多段线

当画一个旋转实体时,可使用旋转命令,它通过圆形旋转路线来生成实心体。可将它想象成一台利用其旋转的成型刀切削出某种形状的机器,在这里成型刀就是多段线。

在下面的练习中,将画一个实心体,它将在锥体中形成一个槽。

(1) 放大锥体箱的顶部;

(2) 关闭捕捉模式;

(3) 通过选择 UCS 工具栏中的世界 UCS 返回到 WCS;

(4) 选择 UCS 工具栏中的 UCS 原点移动 UCS 原点;

(5) 在原点 UCS 提示下,使用中心捕捉功能并单击接近于视图底部的圆弧的中点;

(6) 设置 snap 距离为 0.125,并打开坐标读数,使用下面的坐标画一个多段线:

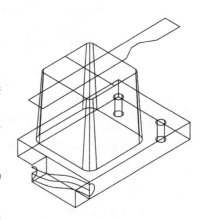

图 5-47　在钢模顶部画多段线

−0.375,1.75↓@1.25<270↓@8.75<0↓@1<30
↓@0.625<0↓@1<330↓@1.25<0↓@1.25<90

(7) 完成后,输入 C 闭合多段线,Auto CAD 将不会旋转一条开口的多段线,如图 5-47 所示;

(8) 从实体工具栏上单击旋转(REVOLVE)钮,或在命令提示下键入 REVOLVE;

(9) 在"选择要旋转的对象:"提示下,单击刚才画的多段线并回车;

(10) 当看到"指定轴起点或根据以下选项之一定义轴[对象(O)/X/Y/Z]<对象>:"的提示时,使用终端捕捉功能选取刚才画的多段线的起始点;

(11) 然后选择多段线的另一个端点;

(12) 在"指定旋转角度或[起点角度(ST)]<360>:"提示下,回车把多段线作 360°圆周旋转,旋转的形态如图 5-48 所示。

你刚才已经建立了旋转后的实心体,它将从锥体中减去以形成钢座的槽(slot)。但是在作减法之前,需要对旋转的实心体的方向上作一些细小改变。

(1) 从修改菜单下的三维操作中选择三维旋转;

(2) 在"选择对象:"提示下,单击旋转的实心体并输入;

(3) 在如下提示下,指定轴上的第一个点或定义轴依据

"指定基点:"使用端点捕捉功能单击旋转体右面较小的圆,选择其圆心点;

(4) 在"拾取旋转轴:"提示下,利用相对坐标功能设置成@0,0,2;

(5) 在"指定角的起点或键入角度:"提示下,输入 5,实心体旋转 5°;

(6) 从修改菜单的实体编辑中选择差集,或输入 SUBTRACT,单击椎体箱并输入回车;

(7) 在"选择对象:"提示下,单击旋转实心体并输入回车,图形看起来就像图 5-49 所示。

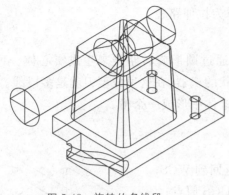

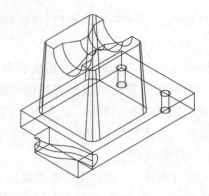

图 5-48　旋转的多线段　　　　　　　　图 5-49　组合实心体

7. 把基座分成两部分

虽然对部分实心体重新作修改是常事,但遗憾的是没有任何简单的方法可以改变实心体。然而可以把实心体拆成两半,这样便于放大实心体,或简化模型的建立。可先建立单一形状的实心体,再折成更小的部件。下面的练习可学习如何使用 SLICE 命令。

(1) 放大(ZOOM)前面的视图并返回世界坐标系统;

(2) 从实体工具栏上单击剖切钮,或输入 SLICE;

(3) 在"选择要剖切的对象:"提示下,单击已经编辑的零件并回车;

(4) 在如下提示下

"指定切面的起点或[平面对象(O)/曲面(S)/Z 轴(Z)/视图(V)/XY(XY)/YZ(YZ)/ZX(ZX)/三点(3):"输入 XY,这将指定平行于 XY 平面的平面作拆分面;

(5) 输入 0,0,0.5,这指定了在 Z 轴上 0.5 个单位的平面代替了剖切平面;

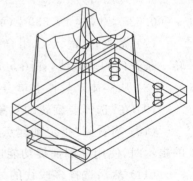

图 5-50　通过基座切割实心体

(6) 在"所需的侧面上指定点或[保留两个侧面(B)]<保留两个侧面>:"提示下,输入 B 保存拆开的两个实心体,AutoCAD 将水平地在高于机座 0.5 单位处拆分实心体,如图 5-50 所示。

8. 用圆角命令倒圆角

钢座有几个较尖锐的角,需把它们变得圆滑一些,为了得到更真实的钢座外观,可以用 Modify 菜单中的 FILLET 和 CHAMFER 命令来给实心体模型加圆角。

(1) 从修改菜单上单击倒角钮;

(2) 在"选择第一条直线或[放弃(U)/多段线(P)/距离(D)/角度(A)/修剪(T)/方式(E)/多个(M)]:"提示下,选择图 5-51 所指的边;

(3) 在"输入圆角半径<0.5000>:"提示下输入 0.2;

(4) 在"选择边或[链(C)/半径(R)]:"提示下,输入 c 表示链选项,链可用来选择一系

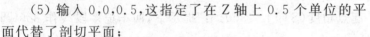

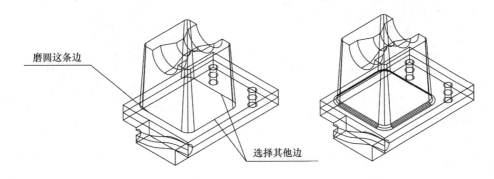

磨圆这条边

选择其他边

图 5-51　倒圆角的实心体

列实心体边进行倒角；

（5）在锥形体（tapered form）的底部选择其他三条边，完成后回车；

（6）从视图菜单上单击消隐钮，或输入 Hide 得到更好的模型图。见图 5-51 所示。

正如在上面第（5）步中所看到的，在实心体上用圆角命令时功能有点不同。链命令可让你选择一系列边，而不仅只选两个邻近的实体。

9. 用倒角命令倒棱角

现在让我们试做倒棱角练习。要练习使用倒角命令，将在建立的第一个实心体的圆孔上倒角以形成倒锥孔。

（1）输入 Regen 返回到线框架（wire frame）视图；

（2）从修改工具栏上单击倒角键，或输入 Chamfer；

（3）在如下提示下：

"选择第一条一直线或仁放弃（U）/多段线（I'）/距离（I））/角度（A＞/修剪（T）/方式（E＞/多个/（M）]："

选择圆孔的边，如图 5-52 所示，注意到实心体的顶面已被亮显了，提示也转变成"输入曲面选择选项［下一个（N）]＜当前（OK）＞："，亮显处为基本表面；

（4）回车接受当前亮显的平面；

（5）在"指定基面倒角距离："提示下，输入 0.125，表示倒角在亮显表面上倒角宽度为 0.125；

（6）在"指定其他曲面的倒角距离＜0.125＞："提示下，输入 0.2；

（7）在"选择边或［环（L）]："提示下，选择两个圆孔的边并回车。倒角后如图 5-53 所示。

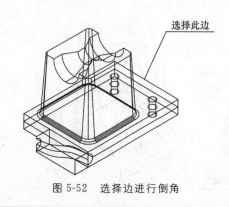

图 5-52　选择边进行倒角

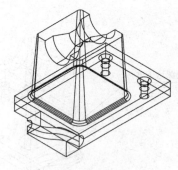

图 5-53　倒角后的边

5.13　增强二维作图命令 MVsetup

下面的练习供你学习如何在三维模型中使用 MVsetup 命令快速生成一幅典型的机械图形。也可以复习尺寸标注和加隐藏线的技术。

5.13.1　画标准顶视、正视、右视图

普通的机械图一般为正交投影制图。这种格式的制图显示有关零件的顶视图、正视图和右视图。有时为了清楚起见还加上实体的三维图像。一旦已经建立了三维实心体模型，可以在几分钟内生产这些视图。第一步是选择标题块（sheet title block），标题块一般在图纸的右下角用于注释和存放其他作图信息的区域。将使用 MVsetup 命令来建立标题块。

（1）选择[视图]→[三维视图]→[俯视]，或键入 Plan 得到模型的顶视图。然后在标准工具栏上单击 Zoom Window 键。

（2）建立有关名为 Title 的层，并激活它作为当前层。这将是标题块层。

（3）在命令行中直接输入 Tilemode 选择 0。

（4）直接输入 MVsetup 命令，这个命令提供了多种选项，以使在机械制图布图时可以简化你的工作。

（5）在"输入标题栏选项[对齐(A)/创建(C)/缩放视口(S)/选项(O)/标题栏(T)/放弃(U)]:"提示下，输入 T 选择标题栏选项。

（6）在"输入标题栏选项[删除对象(D)/原点(O)/放弃(U)]<插入>:"提示下，回车。屏幕转换成文本模式，可以看到一系列图纸大小的数值列表。

（7）在"输入要加载的标题栏号或[添加(A)/删除(D)/重显示(R)]:"提示下，输入 7 表示 ANSI-A 型图纸尺寸。AutoCAD 转换成图形模式并画标题栏，对其进行修改，结果如图5-53 所示。

（8）在"创建名为 ansi_c.dwg 的图形？＜是(Y)＞:"提示下，输入 N，并再次回车退出MVSetup。现在建立一个工业标准的标题块。下一步把这个标题块放入图中。

1. 建立一套标准视图

如在第 6 步中所看到的,MVsetup 提供了预定义的一系列工程图纸尺寸供使用。下一步就需进行视图区设置。

(1) 建立 View 层并把它定为当前层。这将是 MVsetup 建立新视图区的层;

(2) 输入 MVsetup;

(3) 在"输入选项[对齐(A)/创建(C)/缩放视口(S)/选项(O)/标题栏(T)/放弃(U)]:"提示下,输入 C 使用创建选项;

(4) 在"输入标题栏选项[删除对象(D)/创建(C)/放弃(U)]<创建视口>:"提示下,回车接受缺省值,四个视图区选项的列表出现在屏幕上;

0:无

1:单个

2:标准工程图

3:视口列阵

(5) 在这个 4 个选项的下面看到如下提示,"输入要加载的布局号或[重显示(R)]:",输入 2 标准工程图选项,这个选项产生四个特殊的视图区;

(6) 在"指定边界区域的第一角点:"提示下,单击指向标题块左下角的一点,如图 5-54 所示;

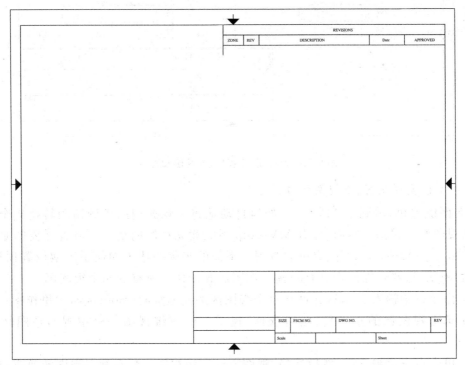

图 5-54 在选取点放置视图区

（7）在"指定对角点："提示下，单击图 5-54 所示的另一点以确定视图区对角位置；

（8）在"指定 X 方向上视口之间的距离<0,0>："提示下，输入 2，这是设置每个视图区之间的水平间隔；

（9）在"指定 Y 方向上视口之间的距离<0.2>："提示下，回车（注意缺省值与 X 值相同），这告诉 MVsetup 视图区之间垂直间隔为多少；

（10）Auto CAD 工作片刻来设置顶视图、正视图和右视图，以及三维零件的 SE Isome 视图。当准备好后，回车退出 MVsetup。视图如图 5-55 所示。

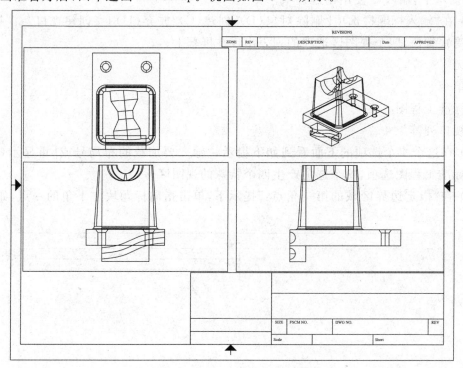

图 5-55　顶视图、正视图、右视图和立体图

2. 手工设置顶视图、正视图和右视图

在上面练习里，看到了 MVsetup 如何自动地将一幅典型的机械制图转换成全标准顶视图、正视图和右视图。然而，也有 MVsetup 不能建立视图的情况。或者需要的是一套不同的视图，一套 MVsetup 不能提供的视图。下面的步骤描述了如何手工地设置顶视图、正视图和右视图，这些步骤假定已有一幅正视图后开始建立所有的四个视图区。

（1）命令行中输入 MS，这允许在每个视图区的模型空间（modelspace）里作图；

（2）单击视图区的左下角，然后选择［视图］→［三维视图］→［主视］，视图转换成正视图；

（3）单击右下角视图区，然后选择［视图］→［三维视图］→［右视］，视图转换成右视图；

（4）击右上方视图然后选择［视图］→［三维视图］→［西南等轴测］，视图从接近东南方向的 XY 平面上 45°转换成立体视图。视图应该如图 5-56 所示。

正如从[视图]→[三维视图]级联菜单中看到的,可以选择顶视图、底视图、左视图、右视图、正视图和后视图。也可以选择四个典型的立体视图。

3. 设置视图区比例

现在有了标题块和视图的布局,下一步是调整视图的大小使它们适合图纸的尺寸。再次使用 MVsetup。

(1) 键盘上输入 MVsetup;

(2) "输入选项[对齐(A)/创建(C)/缩放视口(S)/选项(O)/标题栏(T)/放弃(U)]:"提示下输入 S 设置视图区比例;

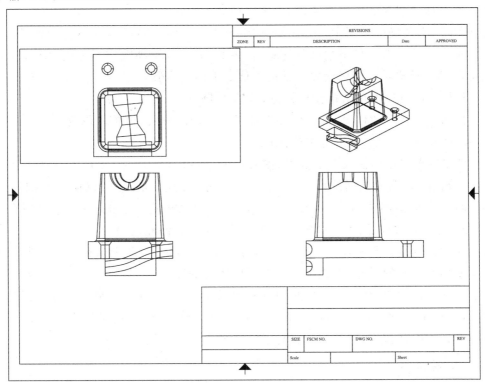

图 5-56　Paper Space 的当前布局

(3) 在"选择对象:"提示下,选择 4 个视图区并回车;

(4) 在如下提示下:

"设置视口缩放比例因子,交互(I)/<统一(U):"回车接受"<统一(U)>"缺省值,这导致所有的视图区用同一个比例因子来调整比例;

(5) 在"输入图纸空间单位的数目<1.0>:"提示下,输入 0.35;

(6) 在"输入模型空间单位的数目<1.0>:"提示下,回车接受缺省值为 1;

第(5)步和第(6)步的两个提示关联起来给图形设定比例为 7/20=1;

（7）回车退出 MVsetup 选项；

（8）改变当前的层为 0，然后关闭 View 层以隐藏视图区的边界。视图如图 5-56 所示。视图区的边界消失了，但视图仍在。

5.13.2　在 Paper Space 注尺寸和说明

虽然本书没有建议在建筑图形的 Paper Space 注尺寸，但为本章中的机械图注尺寸是一个好主意，需要注意的是要将尺寸标注和实际模型分开，这样也容易给文字和尺寸标注设置合适的比例。

只要设置了 Paper Space 的工作区域和最后的绘出尺寸相等，在绘出时，可以设定尺寸和文字大小。如果想要文字为 1/4 高，设置字型为 1/4 高。

标注尺寸，必须确信处于 Paper Space(View/Paper Space)，然后按照常规的方法使用标注尺寸命令。但是有一件事情必须注意，如果 Paper Space 视图区设置比例不是 1∶1，便必须在标注尺寸样式对话框里设置合适的数值。下面是步骤：

（1）从标注工具栏上单击标注样式键，或输入 Ddim；

（2）在标注样式对话框里，确信已经选择了需要用的样式，可单击修改；

（3）在修改对话框里，单击主单位钮；

（4）在测量单位比例输入对话框里，输入一个想要的 Paper Space 尺寸的倍数值，例如，如果 Paper Space 视图的比例是真实模型的一半大小，在这个框里，可以输入 2，把尺寸放大 2 倍；（5）输入一个比例值前，一定要使 Paper Space Only 核查框被选中，这保证在 Paper Space 中加注尺寸是经比例调整好的。在 Model Space 中的注的尺寸不受影响。

要点：确信在第（4）步中输入的数值是正确的，因为它决定了 Paper Space 图需用什么比例因子来得到真实的尺寸，那是由输入的值所决定的。

为了得到这最后的视图，必须完成许多操作步骤，但是，与手工画这么多视图相比较，毫无疑问，节省了大量的时间。此外，在上面可看到，所得到的不仅仅是二维草图。从已经建立的图来看，以后的精加工就非常容易了。

5.13.3　画剖面图

作图还差了一部分就是作剖面图(cross section)，AutoCAD 将通过视图实心体模型的任何部分来画一个剖面图。在下面的练习中，将学习画一个剖面图。

（1）首先，将你的图形存盘以便可以调回；

（2）在命令行中直接输入 Tilemode 选择 1；

（3）从实体工具栏上单击剖面键，或直接输入 Section；

（4）在"选择对象："提示下，选择刚才画的实心体模型并回车；

（5）在如下提示下，"指定剖切平面上的第一个点或依照[对象(O)/Z 轴(Z)/视图(V)/XY 平面(XY)/YZ]平面(YZ)/ZX 平面(ZX)/三点就(3)]＜三点＞："输入 ZX，这告诉

AutoCAD想要在 X 轴和 Z 轴定义的平面上画剖面图；

（6）在"ZX 指定 ZX 平面上的点<0,0,0>"提示下，单击基底板上的左上表面的中点（图 5-57），切开的剖面如图 5-57 所示；

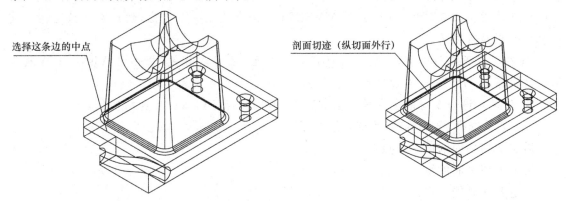

选择这条边的中点

剖面切迹（纵切面外行）

图 5-57　在 Z-X 平面上单击点来定义剖面的外形

（7）把剖面的外形从实心体上移去；

（8）如果需要，使用填充命令来给剖面加斜剖面线，然后把它放置在一个方便的位置上，以便在后面可以把它加到最后的作图中。

5.13.4　设置视图（SOLVIEW）

从三维模型转换成二维工程图，除了使用 MVSETUP 命令，也可以使用 SOLVIEW、SOLDRAW 和 SOLPROR 命令。而其中 SOLDRAW 和 SOLPROF 命令还可以生成二维轮廓线和隐藏线，下面将分别介绍。

功能：从三维实体模型创建标准的工程视图。

工具栏：实体（设置视图）

下拉式菜单：[绘图]→[实体]→[设置]→[视图]

命令行：SOLVIEW

执行该命令后，系统进入图纸空间并提示：

正在重生成布局。

输入选项[UCS(U)/正交(O)/辅助(A)/截面(S)]：

（1）如果选择"正交(O)"，系统继续提示：

指定视口要投影的那一侧：（选取视口的任一条边都将出现一个小三角形）

指定视图中心：（要求确定视窗的位置）

指定视图中心<指定视口>：（可以重新确定位置，如果认可就按回车）

指定视口的第一个角点：

指定视口的对角点：

输入视图名:top(要求输入视窗的名称,输入后就回到原来的提示)

提示:

① 如果在模型空间直接执行该命令,假如图纸空间后会出现一个充满图纸的视窗,这样操作就非常不方便,用户可以先用 MVSETUP 命令建立一个视窗,然后在图纸空间中使用该命令也是可以的;

② 在生成正交视图后,系统会自动产生几个层,图层名称是"视图名-Vis"——存放可见线、"视图名-Hid"——存放隐藏线、"视图名-Dim"——存放尺寸标注线;

③ 如果对该命令理解上或操作上有什么不明白,请仔细体会后面的实例。

(2) 如果选择"截面(s)",系统继续提示:

指定剪切平面的第一个点:

指定剪切平面的第二个点:

指定要从哪侧查看:

输入视图比例<0. 2037>:

指定视图中心:

指定视图中心<指定视口>:

指定视口的第一个角点:

指定视口的对角点:

输入视图名:section

提示:该选项除生成"视图名-Vis"、"视图名-Hid"、"视图名-Dim"几个图层外,还生成一个名为"视图名-Hat"的图层专门用于存放剖面线。

(3) 如果选择"辅助(A)",该选项可用来生成辅助图视窗。选择该项后系统继续提示:

指定斜面的第一个点:(要求指定辅助斜面上的第一点)

指定斜面的第二个点:(要求指定辅助斜面上的第二点)

指定要从哪侧查看;

指定视图中心;

指定视图中心<指定视口>:

指定视口的第一个角点:

指定视口的对角点:

输入视图名:aux

(4) 如果选择"UCS(U)",该选项可以用确定的 UCS 来定义视图。选择该项后系统继续提示:

输入选项[命名的(N)/世界(W)/? /当前(C)]<当前>:要求选择一个坐标系

指定视图比例<1>:0. 1

指定视图中心:

指定视图中心<指定视口>:

指定视口的第一个角点：

指定视口的对角点：

输入视图名：ucsview

5.13.5　设置图形(SOLDRAW)

功能：该命令主要对由 SOLVIEW 命令生成的正交视图、剖面图和辅助视图进行处理。用 SOLVIEW 生成的是从不同的角度看到的影像图，而不是线框图。用 SOLDRAW 命令的原理是生成投影线框图，这样就可以对二维图中的线框进行处理。

下拉式菜单：[绘图]→[建模]→[设置]→[图形]

命令行：SOLDRAW

执行该命令后，系统提示：

选择要绘制的视口

选择对象：(要求选择要进行处理的视图)找到 1 个

选择对象：(可以连续选取多个视图)

已选定一个实体。

结果如图 5-58 所示，生成了一个投影线框图，该线框图以图形块形式存在，可以 EXPLODE 命令爆炸。如果同时对多个视图进行 SOLDRAW 操作，则生成多个侧面的投影图。

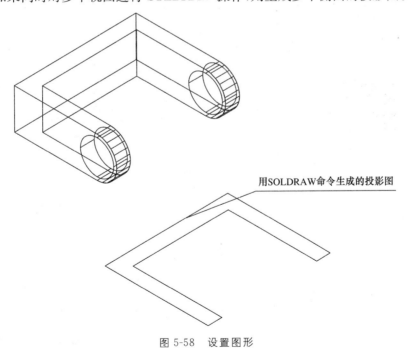

用SOLDRAW命令生成的投影图

图 5-58　设置图形

5.13.6　设置轮廓(SOLPROF)

功能:用 SOLVIEW 命令生成的视图中图形,可以 SOLDRAW 命令生成二维轮廓线框图和隐藏线并对剖面进行图案填充。但用 MVSETUP 命令和 MVIEW 命令生成的视窗中的图形就不能用该命令,而只能用 SOLPROF 命令对视窗中的图形生成轮廓线和隐藏线。

下拉式菜单:[绘图]→[建模]→[轮廓]

命令行:SOLPROF

要使用 SOLPROF 必须激活模型空间视口。

(使用 MVIEW 及 MSPACE 命令)。

命令:MS(返回到模型空间)

MSPACE

命令:SOLPROF(激活一个窗口,并执行该命令)

选择对象:找到一个(这里要求选择模型空间中的模型)

选择对象:(可以继续选择模型)

是否在单独的图层中显示隐藏的剖面线?[是(Y)/否(N)]<是>:

是否将剖面线投形到平面?[是(Y)/否(N)]<是>:

是否翻除相切的边?[是(Y)/否(N)]<是>:

已选定一个实体。

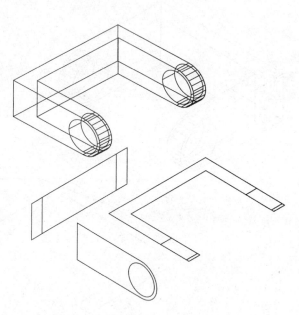

三个投影线框图
可以用 EXPLODE 爆炸
然后对每条线框进行编辑
最后将实体模型隐藏即可

图 5-59　设置轮廓

提示:

(1) 和 SOLDRAW 命令相似,每执行一个窗口就生成一个投影线框图,并自动生成以

PH 和 PV 开头的图层,PH 层为隐藏线层,PV 层为可见线层。结果如图 5-59 所示。

（2）SOLDRAW 只在由 SOLVIEW 建立地视区上工作,它自动关闭实体模型所在的层,因此在需要建立二维视图时,不必调整层的设置就可以看到结果。

（3）SOLDRAW 使二维图形上的实体成为独立的实体,可以进行编辑,而不是像 SOL-PROF 那样生成的图块。

5.13.7 实例

将图 5-60 所示三维模型转换到二维工程图并进行编辑处理。

（1）首先绘制出图中所示的三维模型,对尺寸没有要求,主要是练习转换原理。

（2）执行 SOLVIEW 命令,这时出现如图 5-61 所示的图形。在图纸中间有一个非常大的窗口,而且在这里无法删除,不能直接生产正交视图。按回车返回。

命令:MVSETUP

是否启用图纸空间?［否(N)/是(Y)］＜是＞:（回车执行"是"）

正在重生成布局。

正在重生成模型。

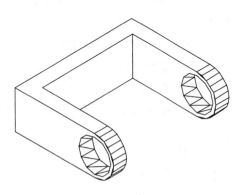

图 5-60

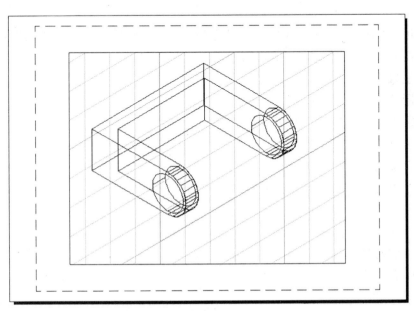

图 5-61　SOLVIEW 命令执行后

输入选项[对齐(A)/创建(C)/缩放视口(S)/选项(O)/标题栏(T)/放弃(U)]：(直接回车,这时也得到如图 5-61 所示结果,但回车后并不返回模型空间)

(4) 执行 ERASE 命令并在"选择对象:"后输入 ALL,表示删除所有的视窗对象。

(5) 命令:SOLVIEW(执行 SOLVIEW 命令)

输入选项[UCS(U)/正交(O)/辅助(A)/截面(S)]:O

没有活动的模型空间视口。

正交图形投影需要有现有视口(这时候发现不能生产正交视图,必须先生成一个视图)。

(6) 命令:MVSETUP(先执行 MVSETUP 命令)

输入选项[对齐(A)/创建(C)/缩放视口(S)/选项(O)/标题栏(T)/放弃(U)/]:C

输入选项[删除对象(D)/创建视口(C)/放弃(U)]＜创建视口＞:

可用布局选项:

0:无

1:单个

2:标准工程图

3:视口阵列

输入要加载的布局号或[重显示(R)]:1(创建单个视窗)

指定边界区域的第一角点:(定义视窗的第一个角点)

指定对角点:(定义视窗的另一个对角点)

缺省文件中未定义的视图定义。

命令:PLAN

输入选项[当前 UCS(C)/UCS(U)/世界(W)]＜当前 UCS＞:(将当前 UCS 的 XY 平面变成视图面)

正在重生成模型。

得到如图 5-62 所示结果。

(7) 命令:SOLVIEW(执行 SOLVIEW 命令)

输入选项[UCS(U)/正交(O)/辅助(A)/截面(S)]:O

指定视口要投影的那一侧:(选取右边的边框)

指定视图中心:(向右移动鼠标确定第二个视窗的位置)

指定视图中心＜指定视口＞:

指定视口的第一个角点:

指定视口的对角点:

输入视图名:left(将第二个视窗定义为 left)

结果如图 5-63 所示。

(8) 命令:SOLDRAW(执行 SOLDRAW 命令)

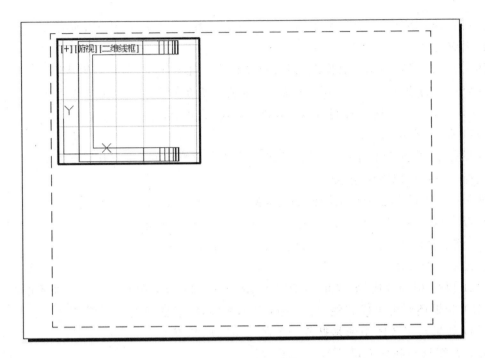

图 5-62　视口阵列

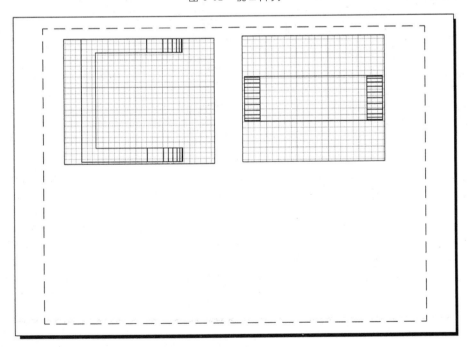

图 5-63

选择要绘制的视口

选择对象:(连续选取两个视窗并回车)

忽略非 SOLVIEW 视口（由于第一个视窗不是用 SOLVIEW 生成，所有 SOLDEAW 命令对它无效）。

（9）打开图层对话框就会发现，系统自动生成了几个图层，包括 VPORTS 层，该层主要用来存放视窗的边框。关闭 0 层（也就是三维模型所在的图层），结果如图 5-63 所示。

（10）对于第一个视窗我们可以使用 SOLPROF 命令。

（11）命令:SOLPROF

选择对象:找到 1 个(注意必须用 MS 命令挥刀模型空间,并选取三维模型)

选择对象:(可以继续选取)

是否在单独的图层中显示隐藏的剖面线？［是(Y)/否(N)]＜是＞:回车

是否将剖面线投影到平面？［是(Y)/否(N)]＜是＞:回车

是否删除相切的边？［是(Y)/否(N)]＜是＞:回车

已选定一个实体

（12）执行 PS 返回图纸空间,关闭 VPORTS 层和 0 层,得到如图 5-64 所示的图形。

（13）如果还要再生成其他视窗,操作基本相同,由于篇幅关系不再继续。

（14）如果对工程图中的某些部分不满意可以回到模型空间对应的线框进行编辑修改,最后在图纸空间标上尺寸就可以了。

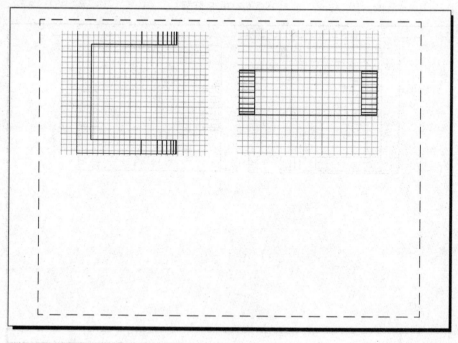

图 5-64

课后练习

1. 喷油嘴

图 5-65 所示为截面图，图 5-66 所示为立体图，高度为 100。

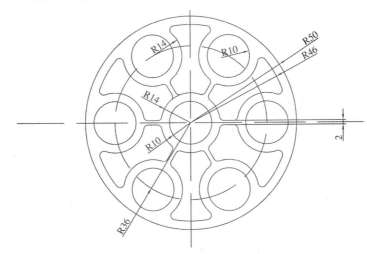

图 5-65

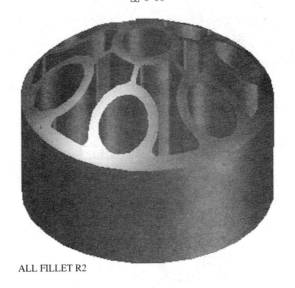

ALL FILLET R2

图 5-66

2. 三通管（图 5-67）

3. 根据平面图 5-68，生成机械弯头的三维模型。

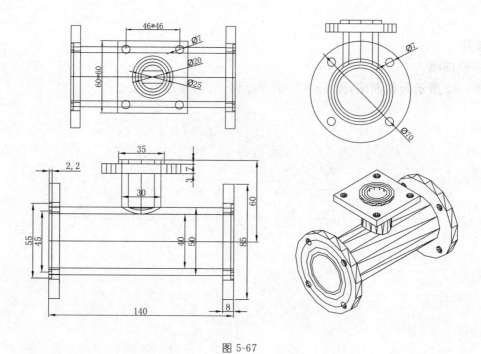

图 5-67

NOTE:
ALL FILLETS AND ROUNDS
TO BE R1.2

图 5-68

第6章

三维实体编辑

　　用第 5 章命令生成的实体可以看成是由边和面组成的,将实体分解,每一个面都变成独立的面域,若再将面域分解,则生成一组边。图6-1为实体分解图,对实体执行分解命令(EXPLODE),可将单独面域移出,再对面域分解(EXPLODE),可将每条边单独移动。

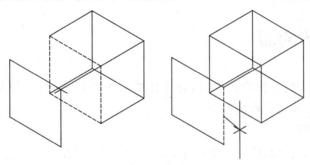

图 6-1　实体分解图

　　三维实体编辑命令(SOLIDEDIT)不用分解实体,能够对实体的面、边和体进行编辑修改,图 6-2 给出了实体编辑工具栏和菜单项。

　　工具栏:实体编辑

　　下拉式菜单:[修改]→[实体编辑]

　　命令行:SOLIDEDIT

图 6-2　实体编辑工具栏

　　输入实体编辑选项 [面(F)/边(E)/体(B)/放弃(U)/退出(X)]<退出>:

　　键入 SOLIDEDIT 命令后,屏幕上显示图 6-3 中第一个选择菜单"输入实体编辑选项",若修改面,则键入 F 或在其中选择"面",此时得到第二个选择菜单"输入面编辑选项";若修改边,则键入 E 或在其中选择"边",可以得到"输入边编辑选项";若修改体,则选择"体"或键入 B,得到"输入体编辑选项"。弹出菜单选项如图 6-3 所示。

图 6-3　SOLIDEDIT 命令的各个选项

6.1　编辑实体的面

实体的面,可以看成是独立的面域,对实体的面可用操作包括:拉伸、移动、旋转、偏移、倾斜、删除、复制或修改选定面的颜色。

命令行:SOLIDEDIT

输入实体编辑选项[面(F)/边(E)/体(B)/放弃(U)/退出(X)]<退出>:F↓

输入面编辑选项[拉伸(E)/移动(M)/旋转(R)/偏移(O)/倾斜(T)/删除(D)/复制(C)/着色(L)/放弃(U)/退出(X)]<退出>:

下面将介绍各个面编辑选项。

6.1.1　拉伸面

实体的面可看成独立的面域,可将其沿高度和路径方向拉伸形成复合实体。

工具栏:实体编辑(拉伸面)

下拉式菜单:[修改]→[实体编辑]→[拉伸面]

命令行:SOLIDEDIT↓F↓E↓

选择面或[放弃(U)/删除(R)]:

选择面或[放弃(U)/删除(R)/全部(ALL)]:

1. 面的选择方法

光标放在面上,单击,会选中单个面;若选错,输入 U,表示放弃此次选择;若光标放在面的边上单击,会同时选中两个面,如图 6-4 所示。删除已选中的面,可用 Shift＋鼠标单击;也可以输入 R,再选择要删除的选择面。在"选择面或[放弃(U)/删除(R)/全部(ALL)]:"提示下,输入 All 为选择所有的面。

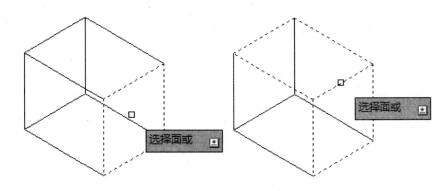

图 6-4 面的选择方法

2. 拉伸方式

如同 EXTRUDE 命令，选中面后，可拉伸一定高度或沿路径拉伸面形成复合实体。

指定拉伸高度或［路径(P)］：输入数值或输入 P

(1) 输入数值。指定拉伸的倾斜角度＜0＞:0 垂直拉伸，如图 6-5(a)所示。正值向内拉伸，负值向外拉伸，如图 6-5(b)所示。

(2) 输入 P。选择拉伸路径，如图 6-5(c)所示。

(3) 输入 T。选择倾斜角，如图 6-6 所示。

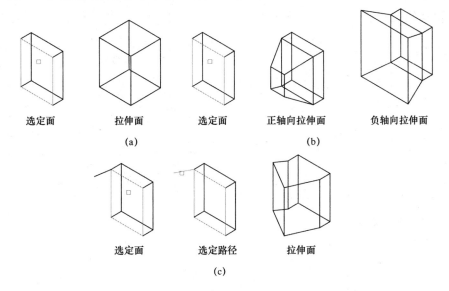

图 6-5 3 种方式拉伸面

拉伸高度为300
拉伸斜度为15

拉伸高度为300
拉伸斜度为15

图 6-6　使用倾斜角拉伸的圆弧

6.1.2　移动面

可以将选中的实体的面移动到新的位置，从而改变原来的实体。如图 6-7 所示。

工具栏：实体编辑（移动面）

下拉式菜单：［修改］→［实体编辑］→［移动面］

命令行：SOLIDEDIT↓F↓M↓

选择面或［放弃（U）/删除（R）］：

选择面或［放弃（U）/删除（R）/全部（ALL）］：

指定基点或位移：

指定位移第二点：

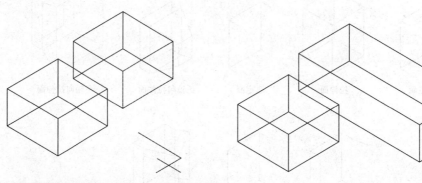

指定基点或位移：
指定位移的第二点：@0,40

图 6-7　移动面

注：移动面只会改变选取的面，不能影响其他面的方向。

用差集生成的实体的孔也可移动位置，如图 6-8 所示。

选定面　　　　　　　　选定基点和第三点　　　　　　　移动面

图 6-8　孔的移动

6.1.3　偏移面

偏移面会按指定的距离偏移实体的面。正值增大实体的尺寸或体积,负值减小实体的尺寸或体积。见图 6-9 所示。

下拉式菜单:[修改]→[实体编辑]→[偏移面]

命令行:SOLIDEDIT↓F↓O↓

选择面或[放弃(U)/删除(R)]:选择一个或多个面,或输入一个选项

指定偏移距离:输入一个数值,若为负,向内移动,缩小实体;若为正,向外移动,放大实体

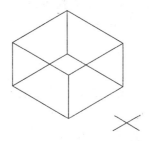

选择面或 [放弃(U)/删除(R)]:找到一个面。
选择面或 [放弃(U)/删除(R)/全部(ALL)]:
指定偏移距离:

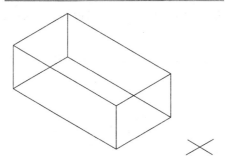

图 6-9　偏移面

若用 ALL 选择所有面,实体会等比例地缩放,类似于 SCALE 命令。若选择用差集命令生成的实体内部面,也可改变孔的大小,如图 6-10 所示。

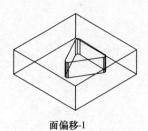

选定面　　　　　　　面偏移1　　　　　　　面偏移-1

图 6-10　内部面的偏移

6.1.4　删除面

可删除的面包括圆角、倒角以及挖空的(差集)内部面。

工具栏：实体编辑(删除面)

下拉式菜单：[修改]→[实体编辑]→[删除面]

命令行：SOLIDEDIT↓F↓D↓

选择面或[放弃(U)/删除(R)]：选择一个或多
个面

如图 6-11，执行删除面命令后，选中 2 个圆角，1
个倒角以及 1 个圆孔面，结果如右图所示。

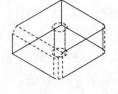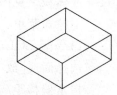

图 6-11　删除面

6.1.5　旋转面

旋转面是通过指定轴和旋转角度来旋转复合实体的表面。

工具栏：实体编辑(旋转面)

下拉式菜单：[修改]→[实体编辑]→[旋转面]

命令行：SOLIDEDIT↓F↓R↓

选择面或[放弃(U)/删除(R)]：选择一个或多个面

指定轴点或[经过对象的轴(A)/视图(V)/X 轴(X)/Y 轴(Y)/Z 轴(Z)]<两点>：

指定旋转角度或[参照(R)]：

命令选项同三维旋转命令相同，这里不再解释，图 6-12 为内部面绕 Z 轴旋转的步骤示意图。

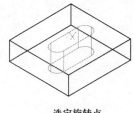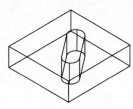

选定面　　　　　　选定旋转点　　　　　　面绕 Z 轴旋转35 度

图 6-12　旋转面

6.1.6　倾斜面

倾斜面是将选定的面倾斜一定的角度,图 6-13 为执行倾斜面的步骤示意图。

工具栏:实体编辑(倾斜面)

下拉式菜单:[修改]→[实体编辑]→[倾斜面]

命令行:SOLIDEDIT ↓ F ↓ T ↓

选择面或[放弃(U)/删除(R)]:选择一个或多个面,或输入一个选项

选择面或[放弃(U)/删除(R)/全部(ALL)]:选择一个或多个面(1)

指定基点:指定基点(2)

指定沿倾斜轴的另一个点:指定点(3)

指定倾斜角度:在-90°到 90°之间指定一个角度

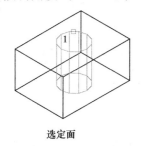 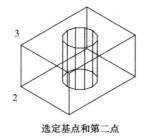 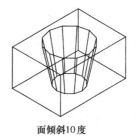

选定面　　　　　　　　　选定基点和第二点　　　　　　面倾斜10度

图 6-13　倾斜面

6.1.7　复制面

将实体的面复制成独立的面域或体。

工具栏:实体编辑(复制面)

下拉式菜单:[修改]→[实体编辑]→[复制面]

命令行:SOLIDEDIT ↓ F ↓ C ↓

选择面或[放弃(U)/删除(R)]:选择一个或多个面,如图 6-14 中 1 点

指定基点或位移:如图 6-14 中 2 点

指定位移的第二点:如图 6-14 中 3 点

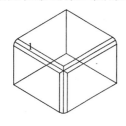 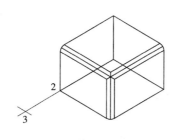 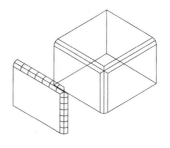

图 6-14　复制面

6.1.8　着色面

用来修改面的颜色。

工具栏:实体编辑(着色面)

下拉式菜单:[修改]→[实体编辑]→[着色面]

命令行:SOLIDEDIT↓F↓S↓

选择面或[放弃(U)/删除(R)]:选择一个或多个面

选择面或[放弃(U)/删除(R)/全部(ALL)]:选择一个或多个面、输入一个选项或按Enter 键

结束选择面后弹出选择颜色对话框,单击一种颜色,就会将所选面域的颜色改变为该颜色。退出命令后可用着色命令观察效果。

6.2　编辑实体的边

对实体的边可以进行复制、着色和压印操作。

命令行:SOLIDEDIT

输入实体编辑选项[面(F)/边(E)/体(B)/放弃(U)/退出(X)]<退出>:E↓

输入边编辑选项[复制(C)/着色(L)/放弃(U)/退出(X)]<退出>:

边的选择方法类似面的选择,可以添加和删除,可以选择多条边。

6.2.1　复制边

可以将选取的实体的边复制成独立的直线或曲线,操作步骤如图 6-15 所示。

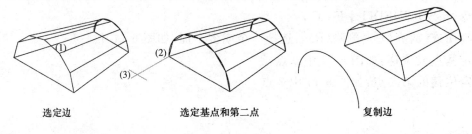

选定边　　　　　　　选定基点和第二点　　　　　　复制边

图 6-15　复制边

工具栏:实体编辑(复制边)

下拉式菜单:[修改]→[实体编辑]→[复制边]

命令行:SOLIDEDIT↓E↓C↓

选择边或[放弃(U)/删除(R)]:选择一条或多条边(1)

选择边或[放弃(U)/删除(R)]:按 Enter 键

指定基点或位移:指定基点(2)

指定位移的第二点:指定点(3)

6.2.2　着色边

可以分别设置实体的边的颜色。

工具栏:实体编辑(着色边)

下拉式菜单:[修改]→[实体编辑]→[着色边]

命令行:SOLIDEDIT↓E↓S↓

选择边或[放弃(U)/删除(R)]:选择一条或多条边或输入一个选项

选择边或[放弃(U)/删除(R)]:按 Enter 键

弹出颜色对话框后,为所选边选择一种颜色。

6.3　修改实体

对实体的修改包括压印、清除、分割和抽壳。

命令行:SOLIDEDIT

输入实体编辑选项[面(F)/边(E)/体(B)/放弃(U)/退出(X)]<退出>:B↓

输入体编辑选项[压印(I)/分割实体(P)/抽壳(S)/清理(L)/检查(C) /放弃(U)/退出(X)]<退出>:

6.3.1　压印

可以与实体共面的图形烙印在实体的表面。压印操作仅限于下列对象:圆弧、圆、直线、二维多段线和三维多段线、椭圆、样条曲线、面域、体及三维实体。压印在实体上的线条变成实体的边,并且形成新的面域,如图 6-16 所示。

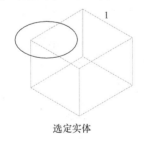
选定实体

选定对象

对象压印到实体

图 6-16　压印实体

工具栏:实体编辑(压印)

下拉式菜单:[修改]→[实体编辑]→[压印]

命令行:SOLIDEDIT↓B↓I↓

选择三维实体:选择图 6-16 中对象 1

选择要压印的对象 2

是否删除源对象？<N>:输入 Y 或按 Enter 键

选择要压印的对象:按 Enter 键

6.3.2 清除

用于删除压印产生的线条。

工具栏:实体编辑(清除)

下拉式菜单:[修改]→[实体编辑]→[清除]

命令行:SOLIDEDIT↓E↓L↓

选择三维实体:选择图 6-17 中对象 1。

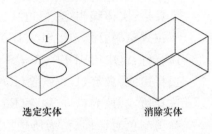

选定实体　　　消除实体

图 6-17　清除实体

6.3.3 分割

并集建立的复合实体,若不相连,可用分割命令将该实体对象分割成几个独立的实体对象,如图 6-18 所示。

工具栏:实体编辑(分割)

下拉式菜单:[修改]→[实体编辑]→[分割]

命令行:SOLIDEDIT↓E↓P↓

选择三维实体:单击实体的边,选择一个实体对象

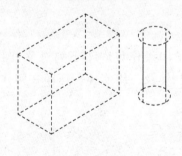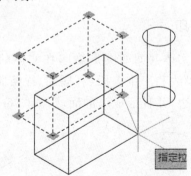

图 6-18　分割实体

图 6-18 左图为分割前的复合实体,是一个整体,右图为分割后的结果,变成了两个实体,可分别编辑。

6.3.4 抽壳

抽壳是用指定的厚度创建一个空的薄层,可以为所有面指定一个固定的薄层厚度,通

过选择面可以将这些面排除在壳外。一个三维实体只能有一个壳。通过将现有面偏移出其原位置来创建新的面。

工具栏：实体编辑（抽壳）

下拉式菜单：[修改]→[实体编辑]→[抽壳]

命令行：SOLIDEDIT↓E↓S↓

选择三维实体：单击实体的一条边选中整个实体的所有面

删除面或[放弃(U)/添加(A)/全部(ALL)]：选择一个或多个面，这些面将作为抽壳后被删除的面。若输入 U 表示放弃前一次面的选择；若添加要抽壳的面，可输入 A 进入选择面状态。如图 6-19 所示，选中圆台体后，再删除顶面 1，输入抽壳距离后可看到顶部开放的壳体；若选中圆台体的所有面进行抽壳，则生成中空的圆台，但消隐后用户看不到内部，被顶面挡住了。

删除面或[放弃(U)/添加(A)/全部(ALL)]：选择面(1)

删除面或[放弃(U)/添加(A)/全部(ALL)]：按 Enter 键

输入抽壳偏移距离：输入一个数值表示壳的厚度

指定正值从圆周外开始抽壳，指定负值从圆周内开始抽壳。

选定面　　　　　　　　抽壳偏移=0.5　　　　　　　抽壳偏移=-0.5

图 6-19　抽壳

6.3.5　检查

AutoCAD 的实体模型是以 ACIS 几何造型技术为核心的，检查功能就是校验选择的三维实体对象是否为有效的 ACIS 实体。

工具栏：实体编辑（检查）

下拉式菜单：[修改]→[实体编辑]→[检查]

命令行：SOLIDEDIT↓E↓S↓

选择三维实体：选择一个对象

系统会提示此对象是（或不是）有效的 ACIS 实体。

6.3.6 压印边

IMPRINT 将对象压印到选定的实体上。为了使压印操作成功,被压印的对象必须与选定对象的一个或多个面相交。"压印"选项仅限于以下对象执行:圆弧、圆、直线、二维多段线和三维多段线、椭圆、样条曲线、面域、体和三维实体。图 6-20 所示说明了该功能的效果,将圆压印到长方体上。

下拉式菜单:[修改]→[实体编辑]→[压印边]

命令行:IMPRINT

选择三维实体:(选择被压印的三维实体,这里注意:一定是三维实体)

选择要压印的对象:(选择压印的对象,就是印子对象)

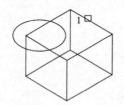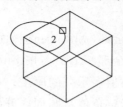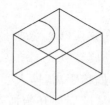

图 6-20 压印边

是否删除源对象[是(Y)/否(N)]<N>:(这里选择 Y 就是将印子对象删除,图 6-20 所示就是选择了 Y,所以"圆"对象就没有了。)

选择要压印的对象:(可以继续进行下一个操作)

第7章

渲染

前面几章学习了通过点、线、面、体等几何元素如何构造三维图形。若要生成照片级的真实感图形显示，还需要对三维场景进行光照绘制，包括设置观察视角、添加光源、分配材质以及对光照模型进行设置等，这一过程称作渲染。本章介绍 AutoCAD 中渲染的一些功能和操作。

7.1　透视投影

投影是将三维空间中的场景映射到成像平面上，AutoCAD 中有平行投影和透视投影两种投影模式。前面已经介绍了平行投影的视图命令，这种视图对工程制图非常有用。然而透视投影看上去更加真实，渲染时一般采用透视投影。本小节就介绍透视投影命令的具体操作。

7.1.1　快速建立透视图

第一次建立透视图，可以先使用"视图"工具栏中的工具建立平面或轴侧视图，然后用"三维动态观察"工具快速改变成透视图。

（1）打开".客房单元 3D"文件，命名为"客房单元-透视"保存文件。

（2）用鼠标右键单击任意一个已经打开的工具栏，从弹出的快捷菜单中选择"动态观察"和"视图"工具栏，然后把它们拖到合适的位置。

（3）在"视图"工具栏中，单击 "西南等轴测"工具按钮，显示西南轴侧视图。

（4）在"动态观察"工具栏中，单击 "自由动态观察"工具按钮，视图中出现"圆弧球"，UCS 目标也变为彩色的了。

（5）在视图中单击右键，从弹出的快捷菜单中选择"透视"，轴侧视图变成透视图，如图 7-1 所示。

（6）按回车键，结束命令。

（7）单击 "视图管理器"工具，单击"新建"按钮，把当前视图命名为"西南透视"保存。

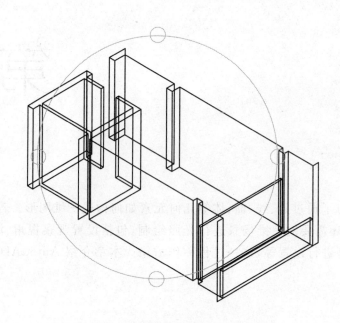

图 7-1　从西南轴侧视图生成的透视图

7.1.2　使用相机建立透视图

1. 建立相机

首先,使用"相机"工具定义相机位置和目标位置,然后建立透视图。

(1) 单击⬚"俯视图"工具按钮,回到平面视图。使用缩放工具将视图缩小显示;

(2) 在"视图"工具栏中,单击"相机"工具按钮;

(3) 命令行提示"指定新相机位置:",此时单击图形靠近下端客房外一点;

(4) 命令行提示"指定新相机目标:",此时单击客房中间处一点,如图 7-2 所示;

(5) 视图改变,由于相机和目标点的 Z 坐标均为 0,因此,客房的地面成一条直线位于视图的中线;

(6) 单击⬭"动态观察"工具按钮,圆弧球再次出现,在视图中单击右键,从弹出的快捷菜单中选择"透视",平行视图变成透视图。

2. 调整透视图

现在视图大小、位置可能都不合适,采用下面的方法快速调整透视图。

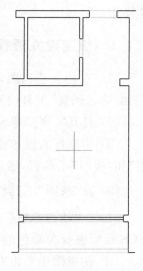

相机点

图 7-2　设置相机点和目标点

（1）在视图中单击右键，从弹出的快捷菜单中选择"缩放"，也可以从"动态观察"工具栏中选择 🔍"三维缩放"工具按钮；

（2）按下左键拖动鼠标，调整视图至合适大小；

（3）在视图中单击右键，从弹出的快捷菜单中选择"平移"，也可以从"动态观察"工具栏中选择 ✋"三维平移"工具按钮；

（4）按下左键拖动鼠标，调整视图至位置；

（5）交替使用这两个工具，把视图调整成如图 7-3 所示。

"三维平移"工具与标准"实时平移"有些相似，但不完全相同。使用它平移视图时，透视图随着平移而发生改变，实际效果是同时移动相机视点和目标视点。在移动过程中，保持相机和目标的方位一致。

"三维缩放"工具类似于相机的变焦。增大焦距，能获得较近的视图；缩短焦距，就能获得较宽的视野。

3. 打开可视化的辅助工具

在三维动态模式中，可以打开可视化辅助工具，更直观地表现三维动态模式。

（1）确认还在三维动态观察模式中，单击鼠标右键，从弹出的快捷菜单选择"视觉辅助工具"→"指南针"，屏幕中随即出现一个三维动态指南针；

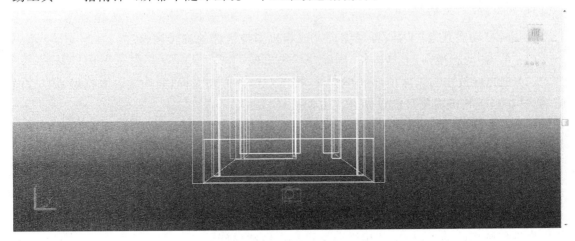

图 7-3 简单调整后的透视图

（2）击鼠标右键，从弹出的快捷菜单中选择"视觉辅助工具→栅格"，在 Z 坐标为 0 的位置处出现栅格；

（3）单击鼠标右键，从弹出的快捷菜单中选择"视觉样式→三维隐藏"，现在看到的效果如图 7-4 所示；

（4）按回车键，结束操作。

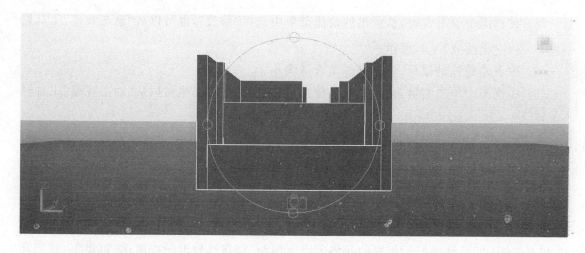

图 7-4　"消隐"后的透视图

7.1.3　调整相机

除以上方法外,在建立透视图过程中,还可以使用其他工具调整相机的位置及其他特性。

1. 使用"动态观察"工具

使用 "动态观察"工具,可以综合完成相机围绕目标的旋转调整。

(1) 单击"动态观察"工具按钮,圆弧球再次出现;

(2) 把光标放在圆弧球顶部的小圆处,按下左键并拖动光标,视图随着光标做垂直方向旋转,这相当于相机围绕目标点做经度方向旋转;

(3) 释放鼠标,将光标放在圆弧球左侧的圆处,按下左键并拖动鼠标,视图随着光标做左右旋转,这相当于相机围绕目标点做纬度方向旋转;

(4) 释放鼠标,把光标放在圆弧球外侧,光标变成圆形,按下左键并拖动鼠标,视图沿着光标做顺时针(或逆时针)旋转,这相当于相机围绕相机与目标点连线作旋转;

(5) 释放鼠标,把光标放在圆弧球内部,光标呈现两个层叠的椭圆状,按下左键并拖动鼠标做近似圆周运动,这相当于相机围绕目标点做球形旋转;

(6) 使用动态观察的"圆弧球",可以建立各种透视图;

(7) 按 1 键,结束命令;

(8) 单击"放弃"按钮,恢复到图 7-4 所示状态。

提示:使用"动态观察"旋转时的基点,就是前面使用"相机"工具定义的目标点。

2. 调整距离

(1) 单击数"三维调整距离"工具按钮,按下左键并上下拖动鼠标,可以调整相机与目标之间的距离;

（2）向上移动鼠标靠近目标，向下移动鼠标远离目标。现在，向上移动鼠标，直到相机进入到客房室内，结果如图 7-5 所示。

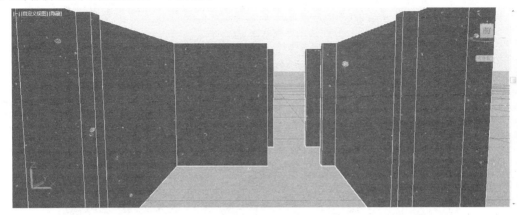

图 7-5 进入室内后的透视图

3. 旋转相机

（1）单击"三维旋转相机"工具按钮；

（2）按下左键并拖动鼠标，好像目标点围绕相机旋转一样。

4. 使用剪裁平面

当把相机放到房间外部时，前景墙壁会遮挡住房间内部的视图。使用剪裁平面功能可以解决这个问题。

（1）按 Esc 键，结束上面操作。

（2）单击"三维调整距离"工具按钮，按下左键并向下拖动鼠标，使相机远离目标，直至退到房间外。

（3）综合使用"三维平移"、"三维缩放"、以及"动态观察"工具，调整视图如图 7-6 所示；

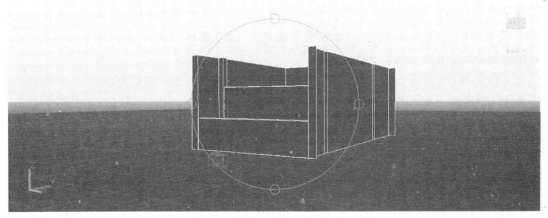

图 7-6 在室外的透视图

（4）单击鼠标右键,从弹出的快捷菜单中选择"其他→调整剪裁平面",打开"调整剪裁平面"对话框,如图 7-7 所示；

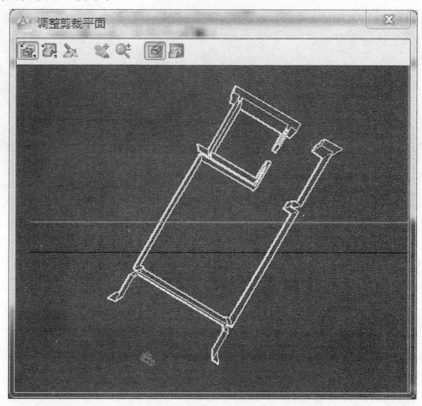

图 7-7 "调整剪裁平面"对话框

（5）该对话框显示出模型的视图。同时注意到,在主视图窗口的房间发生了变化,遮挡视线的墙壁不见了,现在又能够看到房间内部了。

（6）将光标放在该对话框中部的水平线上,然后按下左键并向下拖动,该线条向下移动。它代表前向剪裁平面相对于图形中对象的位置。在移动剪裁平面时,请注意 Auto-CAD 主窗口中视图的变化情况。

（7）调整视图,变成如图 7-8 所示,然后关闭"调整剪裁平面"对话框。

在打开"调整剪裁平面"对话框之后,前向剪裁平面立刻就被打开了。在"调整剪裁平面"对话框中通过移动前向剪裁平面,对视图进行调整。另外还可以打开并调整后向剪裁平面,从而隐藏场景后面的对象。

在"调整剪裁平面"对话框中,还有其他一些按钮,它们分别为：

"前向剪裁开关"按钮:控制打开或关闭前向剪裁效果。

"调整后向剪裁"按钮:调整后向剪裁平面的位置。

"后向剪裁开关"按钮:控制打开或关闭后向剪裁效果。

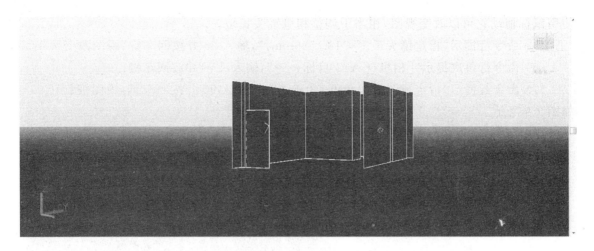

图 7-8 使用"前向剪裁"后的效果

"创建剖切面"按钮：选择该选项，可以同时移动前向剪裁和后向剪裁。

5. 观看简单动画

（1）单击鼠标右键，从弹出的快捷菜单中选择"视觉样式→真实"；

（2）再次单击鼠标右键，从弹出的快捷菜单中选择"其他导航模式→连续动态观察"，也可以从"动态观察"工具栏中选择"连续动态观察"工具按钮；

（3）按下左键并将鼠标向下拖动一段距离，然后松开鼠标，视图开始旋转，单击并拖动鼠标的距离决定了旋转的速度；

（4）单击任一点，中止旋转；

（5）单击鼠标右键，从弹出的快捷菜单中选择"重置视图"，回到图 7-4 所示状态；

（6）按回车键结束操作。

7.1.4 使用 Dview 命令

除了使用上面的方法建立透视图外，AutoCAD 还有一个 DVIEW 命令可以完成相似的功能。DVIEW 命令使用起来可能不如三维动态观察工具那么方便，但在需要精确的设置时，它可以发挥更好的作用。

1. 使用 DVIEW 调整透视图

（1）选择菜单命令［视图］→［视觉样式］→［三维线框］，视图以三维线框方式显示。

（2）在命令行键入 DVIEW 并按回车键。

（3）命令行提示"选择对象或＜使用 DVIEWBLOCK＞"，输入 All 并按回车键，选择所有的对象。

（4）命令行提示"［相机（CA）/目标（TA）/距离（D）/点（PO）/平移（PA）/缩放（Z）/扭曲（TW）/剪裁（CL）/隐藏（H）/关（O）/放弃（U）］"，输入 Z 并按回车键。视图上方出现拖靶，使用鼠标拖动它可以改变视图,相当于调整相机镜头长短。

（5）命令行提示"指定镜头长度<18.556mm}",输入 25 并按回车键,视图改变大小。

（6）命令行再次提示"[相机（CA）/目标……",输入 TW 并按回车键。

（7）命令行提示"指定视图扭曲角度<0,0,0>",输入 90 并按回车键,视图被旋转 90°。如图 7-9 所示。

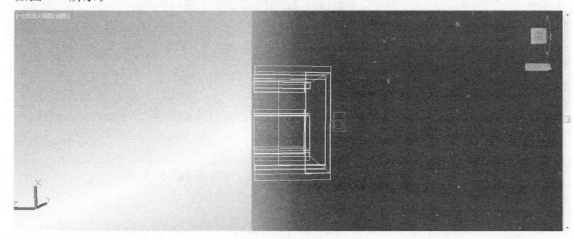

图 7-9　旋转 90°后的效果

（8）命令行再次提示"[相机（CA）/目标]",输入 U 并按回车键,放弃旋转。

（9）按回车键,结束 DVIEW 命令。

2. DVIEW 命令参数

在 DVIEW 命令提示中有一些参数,它们的功能分别对应三维动态观察工具栏中的工具。

（1）"相机（CA）":调整相机位置。类似"三维动态观察"工具的部分功能。

（2）"目标（TA）":调整相机的目标点位置。类似"三维旋转"工具。

（3）"距离（D）":沿相机与目标点连线调整距离。类似"三维调整距离"工具。

（4）"点（PO）":设置相机位置和目标点位置。类似"相机"工具。

（5）"平移（PA）"平移视图。类似"三维平移"工具。

（6）"缩放（Z）":调整相机镜头长度。类似"三维缩放"工具。

（7）"扭曲（TW）":转动相机。类似"三维动态观察"工具的部分功能。

（8）"剪裁（CI）":使用剪裁平面。类似"三维调整剪裁平面"工具。

（9）"隐藏（H）":消隐。在 I}VIEW 命令执行过程中可以随时消隐。

（10）"关（O）":关闭透视模式。在透视模式下有些 AutoCAD 操作不能进行。可用该选项关闭透视模式,返回到平行投影模式。

（11）"放弃（U）":放弃一步操作。取消上一步视图改变。

提示:在透视投影模式下无法编辑模型和画图,因此建议建立好透视图后,立即"命名视图"保存。这样,在返回平面视图或轴测试视图进行图形操作后,可以准确快速地重新调用命名的透视图。

7.2 快速渲染

本小节将学习如何使用 AutoCAD 的渲染工具生成三维模型的静态渲染图像。利用这些工具,不仅可以在模型中添加材质、控制光源,而且还可以在模型中添加场景和人物。

7.2.1 建立实体模型

前面已经建立了一个客房单元的三维图,现在为了更好地学习渲染功能,利用本书第一部分"客房单元"平面图,快速制做一个简单的实体建筑模型。

(1) 打开"客房单元.dwg"文件,命名为"客房单元-渲染.dwg"保存文件;

(2) 把"墙"层设为当前层,冻结其他所有层;

(3) 使用"直线"工具,把两边的墙线闭合;

(4) 选择菜单命令[修改]→[对象]→[多段线];

(5) 命令行提示"选择多段线或[多条(M)]",单击左边任意墙线;

(6) 命令行提示"选择的对象不是多段线,是否将其转换为多段线?<Y>",按回车键;

(7) 命令行提示"输入选项[闭合(C>/合并(J)]",输入 J 并回车;

(8) 命令行提示"选择对象",此时用窗口选择左边封闭的墙线,过一下,系统提示所选的合并为一条多段线;

(9) 重复以上步骤把右边封闭的墙线合并为一条多段线;

(10) 选择菜单命令[绘图]→[实体]→[拉伸];

(11) 选择所有墙线,设置高度为 3000,拉伸出墙体;

(12) 解冻"窗"层,并把它设为当前层;

(13) 选择菜单命令[绘图]→[实体]→[长方体],建立落地窗,高度为 2700;

(14) 解冻"墙一窗下"层,并把它设为当前层;

(15) 选择菜单命令[绘图]→[实体]→[长方体],建立阳台墙,高度为 900

(16) 解冻"墙-窗上"层,并把它设为当前层;

(17) 选择菜单命令[绘图]→[实体]→[长方体],建立窗洞上墙,高度为 300;

(18) 建立新层"屋顶"并把它设为当前层;

(19) 选择菜单命令[绘图]→[实体]→[长方体],建立屋顶,高度为 150;

(20) 建立新层"大地",并把它设为当前层;

(21) 把视图缩小显示,然后选择菜单命令[绘图]→[实体]→[圆柱体];

(22) 以客房中心为基点,创建一个半径为 30000、高度为 100 的圆柱体实体代表地面;

(23) 使用"三维动态观察"工具栏中的工具,建立透视图,如图 7-10 所示;

(24) 使用"命名视图"命令,命名为"渲染透视 1"保存。

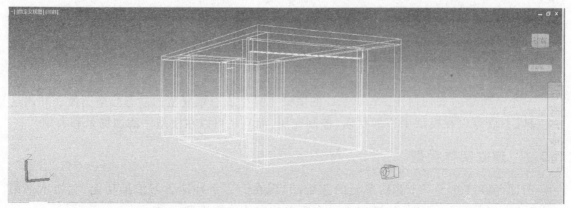

图 7-10　客房单元实体三维模型透视图

7.2.2　快速渲染

(1) 打开"渲染"工具栏。单击"渲染"工具按钮,也可以选择菜单命令[视图]→[渲染]→[渲染]。

(2) 此时看到"渲染"窗口打开,并开始渲染图形。过了一会,AutoCAD 完成渲染任务,渲染模型出现在视图中,如图 7-11 所示。

图 7-11　默认设置渲染后的效果

（3）保存该视图。默认设置时的渲染（即"Z 缓冲区模式"），模型表面以自身的颜色被着色，光源位于相机位置。

7.2.3　模拟阳光

通过指定模型的地理位置和设置太阳特有的特性，可以模拟太阳。

1. 设置地理位置

（1）从"面板"中展开的"光源"控制台中选择"地理位置"图标（执行 GEOGRAPHI-COOCATION 命令）（单击双箭头展开该控制台）。地理位置对话框打开，如图 7-12 所示；

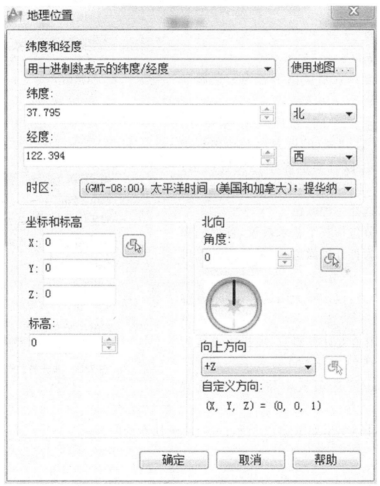

图 7-12　地理位置

（2）如果知道经纬度可以直接输入，否则从"地区"列表中选择所处的洲，可看到所选地区的地图；

（3）从"最近的城市"列表中选择一个城市；

（4）在"北向"部分，指定表示图形中正北方向的角度，设定北方位置对于获得准确的太阳很重要，默认情况下，北是世界坐标系中 Y 轴的正方向；

（5）单击"确定"，会看到关于时区的通告，这是自动计算出来的，单击"确定"关闭。

2．设置阳光特性

（1）从"面板"中展开的"光源"控制台中选择"编辑阳光"图标（执行 SUNPROPERTIES 命令），打开"阳光特性"选项板。如图 7-13 所示。

注：阳光特性选项板中的"天光特性"、"地平线"、"高级"和"太阳圆盘外观"都是 AutoCAD2008 的新增功能。

天光特性：允许在渲染图形时为天空添加背景和照明效果。

地平线：控制地平线，它是天、地相交处。可以设置以下特性："高度"设置地平面相对于 Z 轴 0 值的位置，以真实世界单位设置此值；"模糊"表示在天地交汇处创建模糊效果；"地面颜色"可为地面选择一种颜色。

高级：该部分包括三个艺术效果，首先选择夜间颜色，然后为打开鸟瞰透视，最后为设置可见距离。

太阳圆盘外观：仅影响太阳的外观，不是整个光源。

（2）在"太阳角度计算器"选项板中设置时间为 2009 年 9 月 21 日 15：00。

（3）在"基本"选项板中将"阴影"设置为开。

（4）渲染视图，结果如图 7-14 所示，可以清晰地看到阴影。

图 7-13　阳光特性选项板

图 7-14 启动光线跟踪阴影后渲染的效果

7.3 使用材质

为模型的对象指定材质,可以一步增强图形的渲染效果。

7.3.1 使用材质库中材质

(1) 从"面板"中展开的"材质"控制台中选择"材质"。打开"材质"选项板,如图 7-15 所示;

(2) 单击"创建新材质"按钮,命名为"新材质 1",按"确定"返回;

(3) 单击"样板"用户定义下拉列表,单击"玻璃-半透明";

(4) 单击"将材质应用到对象"按钮,选择落地窗,此时将材质 1 附着到落地窗上;

(5) 再次单击"确定"按钮,退出对话框;

(6) 现在渲染模型。渲染后的效果如图 7-16 所示。

为了给图层上的所有对象附着相同的材质,可以使用 MATERIALATTACH 命令。该命令在"面板"的"材质"控制台中,"材质附着选项"对话框如图 7-17 所示。

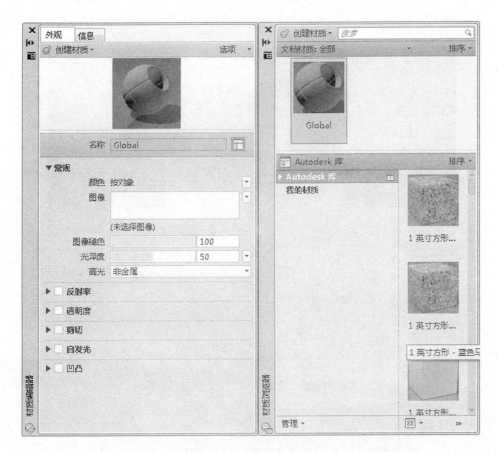

图 7-15　"材质"选项板

图 7-16　指定材质后的渲染效果

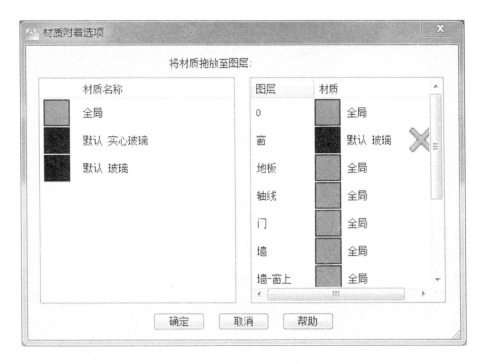

图 7-17 "材质附着选项"对话框

7.3.2 调整材质属性

调整材质的下列选项可影响材质的外观和反射光线的特性,下面简单介绍一下。

反光度:反光度主要影响对象的亮显。较高的反光度创建较亮但较小的亮显区,较低的反光度创建大而柔和的亮显区。

不透明度:用来设置对象的不透明度。值为 0 表示完全透明。

折射率:指定光线通过透明材质时光线如何弯曲,以创建失真效果。玻璃的折射率非常小,而水晶球折射率较高。若不需要折射,可设置该值为 1.0,这是空气的折射率。

半透明度:这是通过对象的光的量。这个值是百分比,0 表示该对象不透明,100 表示该对象尽可能透明。

自发光:这使对象看上去好像有自己的光源。

贴图是指将二维图像文件添加到材质表面,使材质显示出纹理和凸凹特性。

若为图形添加背景,可以在命名视图命令中选择"新建",在"新建视图"对话框中有"背景"选项,查找图像文件将其作为背景,图 7-18 所示是将 bluesky.jpg 作为背景渲染后的效果。

图 7-18　添加了背景的效果

7.4　管理光源

7.4.1　创建点光源

可以把点光源看成灯泡等发光体,源于一个点,向四面八方辐射,点光源的亮度随着距离的增加而逐渐衰减到 0。模型背光面过于黑暗,可以使用点光源进行补光。下面在房间西南方向地面下放置一个强度为 1500 的线性衰减的点光源,可以通过单击"面板"的"光源"控制台中的"创建点光源"完成点光源的设置。下面给出命令形式。

命令行:POINTLIGHT

指定源位置<0,0,0>:

输入要更改的选项[名称(N)/强度因子(I)/状态(S>/光度(P)/阴影(W)/衰减(A)/过滤颜颜色(C)/退出(x)]<退出>:I

输入强度(0.00-最大浮点数<1>):1500

输入要更改的选项[名称(N)/强度因子(I)/状态(s)/光度(P)/阴影(W)/衰减(A)/过滤颜色(C)/退出(x)]<退出>:A

输入要更改的选项[衰减类型(T)/使用界限(U)/衰减起始界限(L)/衰减结束界限

(E)/退出(x)<退出>:T

输入衰减类型仁无(N)/线性反比(I)/平方反比(S)]<无>:I

输入要更改的选项[衰减类型(T)/使用界限(U)/衰减起始界限(L)/衰减结束界限(E)/退出(x)<退出>:X

输入要更改的选项[名称(N)/强度因子(I)/状态(S>/光度(P)/阴影(W)/衰减(A)/过滤颜颜色(C)/退出(x)]<退出>:X

增加了点光源补光后的效果见图 7-19。

图 7-19 增加了点光源补光后的效果

提示:尽管点光源位于地面以下,但因为没有打开点光源的"阴影"功能,所以光线可以穿透所有的模型对象。

7.4.2 创建聚光灯

聚光灯是有方向性的光源。同时,聚光灯有一个明亮的中心,称作"聚光角"。在明亮中心的外缘为渐暗的环,称作"照射角"。可以通过单击"光源"控制台中的"创建聚光灯"完成聚光灯的设置。下面建立一个室内透视,并使用聚光灯来照亮墙壁。

(1) 使用"动态观察器"工具栏,建立一个从入口看进去的透视图,如图 7-20 所示;

(2) 使用"命名视图"命令,定义该视图为"渲染透视 2";

(3) 选择菜单命令[视图]→[三维视图→[俯视],然后放大模型;

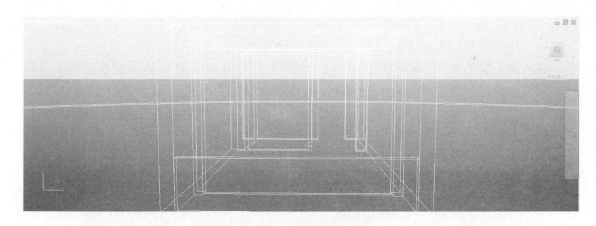

图 7-20　室内透视

（4）在面板的"光源"控制台上单击"创建聚光"按钮；

（5）在"指定源位置"的提示下，在房间中央单击一点；

（6）命令行出现提示消息"指定目标位置＜当前＞："输入"@0,0,2700"，并按回车键，设置一盏照相地面的聚光灯；

（7）回车退出该命令；

（8）选择菜单命令［视图］→［命名视图］，恢复"渲染透视 2"视图；

（9）渲染该模型，效果如图 7-21 所示。

图 7-21　设置了聚光灯的室内效果

渲染效果不如预期。一是因为光源太多，二是聚光灯过于粗糙。下面将进一步解决这些问题。

7.4.3　调整光源

（1）选择菜单命令[视图]→[三维视图]→[俯视]，然后放大模型；

（2）鼠标选中图形中的点光源图块，单击鼠标右键，选择"特性"菜单，打开点光源特性窗口；

（3）修改"强度"值为100；

（4）选中"聚光灯"图块，修改"强度"值为1500，"照射角"为80；

（5）单击"渲染"按钮，渲染结果如图7-22所示。聚光灯的灯光效果不再像第一幅渲染场景中的那么尖锐，而且灯光的扩散半径更大，照亮了地面更多部分。

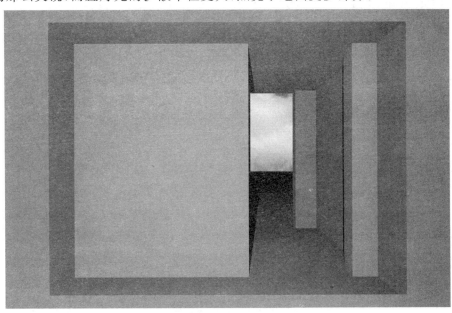

图 7-22　调整照射角度后的聚光灯效果

7.5　渲染高级选项

7.5.1　高级渲染设置

渲染的准备是一个很长的过程，专业性比较强。单击"渲染"控制面板上的高级渲染设置，"高级渲染设置"选项板如图7-23所示。下面给出一些设置选项的含义。

采样：主要控制渲染处理每一个像素的精度。较低的最小样例数速度快，但准确性差。1/4样例数（默认）表示每4个像素计算1次。当相邻像素明显不同又需要更精确的采样时,应用最大样例数,默认为 1。对比色控制用来确定根据最大样例数和最小样例数所做的采样次数。

阴影:里面的灯泡按钮控制阴影的开和关。为了加速渲染,可把阴影关掉。模式决定了计算阴影的顺序,"简化"是随机的,"分类"根据对象和光源,"分段"是沿着光线。"采样乘数"控制整个图形中的阴影采样,较小的值意味着较少的采样。"阴影贴图"关时用光线跟踪得到鲜明的准确的阴影轮廓,打开时可得到较柔和的阴影。

还有其他的一些选项,在这里就不作解释了。

7.5.2　显示渲染窗口

执行 renderwin 命令或单击,显示渲染窗口。渲染窗口右面列出大量与渲染过程有关的统计信息。利用这些信息进行渲染之间的比较和找错,对于专业人员来讲是非常有用的。另外,渲染后的结果可以直接保存到文件。

7.5.3　打印渲染图像

渲染好的图像可以直接从 AutoCAD 中打印输出。通过"布局"选项卡,可以将平面图与渲染图像放在一张图纸上,也可将几个不同的渲染图像放在一张图纸上。下面给出单视口的操作步骤。

图 7-23　高级渲染设置

1. 建立布局

(1) 单击"布局 1"选项弹出"页面设置——布局 1"对话框,单击"打印机配置"中的"名称"下拉式列表,选择合适的打印机型号,并从"打印样式表"栏中的"名称"下拉式列表中选择 Acad. ctb 或 Acad. stb。单击"确定",关闭对话框。此时在布局 1 中设置了一个单一视口的布局。

(2) 在视口内双击鼠标,进入模型空间。

(3) 命令行中键入"V",回车,打开"视图"对话框。在"命名视图"中选择"渲染透视 2"视图,单击"置为当前"按钮,关闭对话框。当前视图为透视视图。

(4) 双击视口外侧,返回到图纸空间。

2. 渲染输出视口

(1) 单击视口边界,显示视口边界夹点。

(2) 单击鼠标右键,弹出从快捷菜单,如图 7-24 所示。

(3) 从快捷菜单中选择"着色打印→渲染"。

（4）选择菜单命令"文件→打印预览"，片刻后，显示打印图形的渲染图。

如果希望布局中有多个视口，可分别设置打印方式，有"真实显示"、"线框"、"消隐"、"渲染"4种方式。

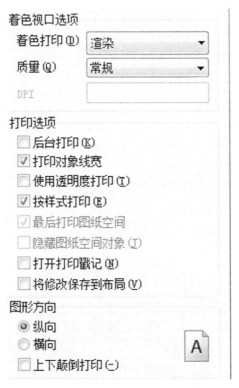

图 7-24　视口边界选中后的快捷菜单

第8章

综合实例

本章通过一个综合实例——"鸟巢"的绘制,来详细介绍 AutoCAD2012 的使用。

8.1 实验内容

按照图 8-1 所示的二维平面图,建立如图 8-2 所示的三维"鸟巢"模型。

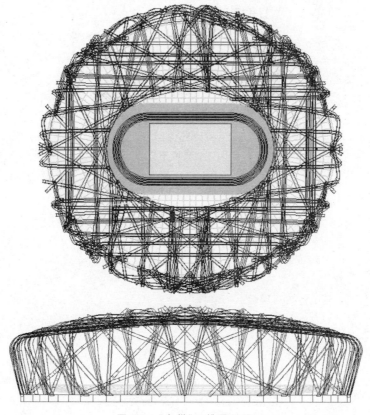

图 8-1 "鸟巢"二维平面图

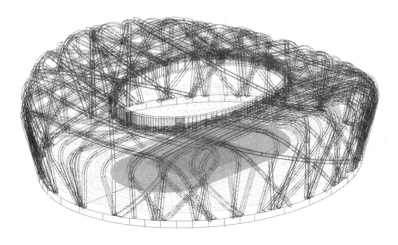

图 8-2 "鸟巢"三维模型

8.2 实验指导

（1）画一个椭圆，长、短轴分别为 333 和 294，如图 8-3 所示

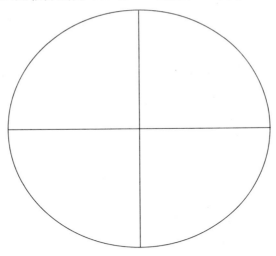

图 8-3 通过长短轴画出的椭圆

命令：PELLIPSE

输入 PELLIPSE 的新值＜0＞:1

提示：将系统变量 pellipse 改为 1，目的是要把椭圆以多段线的形式画出，以便之后进行拉伸。

命令：ELLIPSE

指定椭圆弧的轴端点或[中心点(C)]：任取一点

指定轴的另一个端点:＜正交开＞333

指定另一条半轴长度或[旋转(R)]:147

此时画出了外椭圆,通过画出长、短轴,找出长、短轴交点,即椭圆中心。

(2) 将视图转到西南等轴测,拉伸外椭圆,高度为150,角度为－15°,如图8-4所示。

命令:EXTRUDE

当前线框密度: ISOLINES ＝ 4,闭合轮廓创建模式 ＝实体

选择要拉伸的对象或[模式(MO)]:选定外椭圆,回车

指定拉伸的高度或[方向(D)/路径(P)/倾斜角(T)/表达式(E)]:T

指定拉伸的倾斜角度或[表达式(E)]＜0＞:－15

指定拉伸的高度或[方向(D)/路径(P)/倾斜角(T)/表达式(E)]:150

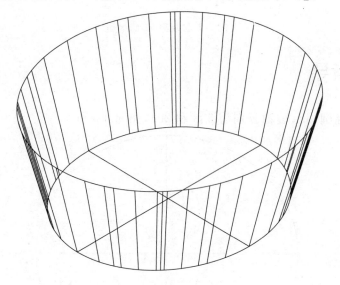

图 8-4　拉伸后的椭圆实体

(3) 转到左视图,以距离底面为 700 画半径为 631 的圆,并画出一条距离底面为 1300 的直线。如图 8-5 所示。

命令:LINE

指定第一点:选定椭圆的中心

指定下一点或[放弃(U)]:700

指定下一点或[放弃(U)]:＊取消＊

命令:CIRCLE

指定圆的圆心或[三点(3P)/两点(2P)/切点、切点、半径(T)]:选定直线的上端点

指定圆的半径或[直径(D)]:631

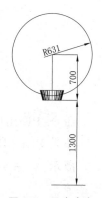

图 8-5　用来布尔运算的圆和直线

命令:LINE

指定第一点:选定椭圆中心

指定下一点或[放弃(U)]:700

指定下一点或[放弃(U)]:*取消*

命令:MOVE

选择对象:选定该水平线,回车

指定基点或[位移(D)]<位移>:选定直线的左端点

指定第二点或<使用第一个点作为位移>:1300

(4) 转到西南等轴侧视图,用旋转实体命令,以距离1300的线段为中心线,旋转半径631的圆。如图8-6所示。

命令:REVOLVE

当前线框密度:ISOLINES = 4,闭合轮廓创建模式 =实体

选择要旋转的对象或[模式(MO)]:选定半径为631的圆,回车

指定轴起点或根据以下选项之一定义轴[对象(O)/ X / Y / Z]<对象>:选定距离1300的线段的左端点

指定轴端点:选定右端点

指定旋转角度或[起点角度(ST)/反转(R)/表达式(EX)]<360>:360

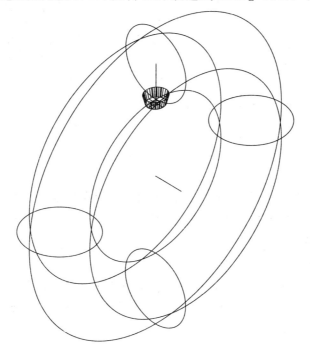

图 8-6　旋转命令后的圆环

(5) 用布尔运算差集,并且进行圆角处理,半径为15,得出"鸟巢"大致轮廓,如图8-7所示。

命令:SUBTRACT

选择要从中减去的实体、曲面和面域:选定拉伸后的外椭圆,回车

选择要减去的实体、曲面和面域:选定圆环,回车

命令:FILLET

选择第一个对象或[放弃(U)/多段线(P)/半径(R)/修剪(T)/多个(M)]:选定实体上沿任一条线,回车

输入圆角半径或[表达式(E)]:15

选择边或[链(C)/环(L)/半径(R)]:C

选择边或链 [边(E)/半径(R)]:选定椭圆实体上沿,回车

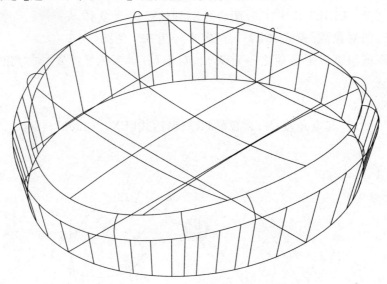

图8-7　差集后的"鸟巢"实体

(6) 对"鸟巢"进行抽壳,注意抽壳时的删除底面,抽壳厚度为3,如图8-8所示。

先将视觉样式更改为概念,再输入命令:3DFORBIT,使用动态观察调整视图至"鸟巢"实体的底部,如图8-9所示。

命令:SOLIDEDIT

输入实体编辑选项[面(F)/边(E)/体(B)/放弃(U)/退出(X)]<退出>:B

输入实体编辑选项[压印(I)/分割实体(P)/抽壳(S)/清除(L)/检查(C)/放弃(U)/退出(X)]<退出>:S

选择三维实体:选择"鸟巢"实体

删除面或[放弃(U)/添加(A)/全部(ALL)]:选择"鸟巢"实体的底面,回车

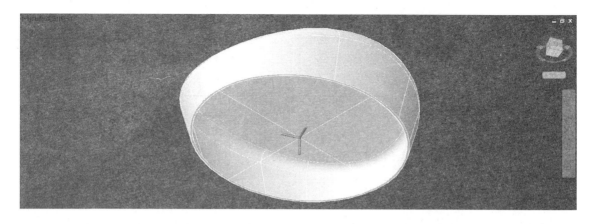

图 8-8 抽壳后的"鸟巢"壳

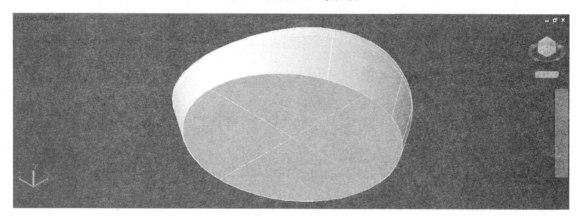

图 8-9 "鸟巢"实体的底部

输入抽壳偏移距离:3

提示:进行抽壳的时候,必须要将坐标系移至底面中心。

(7)用生成截面和镜像的方法画出"鸟巢"的主要钢结构。

将视觉样式更改回二维线框,转到俯视视图,设置新图层,将其命名为"主桁架剖切线",颜色设置为红色;设置第二个新图层,将其命名为"主桁架剖面",颜色设置为红色。"主桁架剖切线"设置为当前图层,用 LINE 命令画出如图 8-10 所示的直线,然后将"主桁架剖面"设置为当前图层。

命令:SECTION

选择对象:选定"鸟巢"壳,回车

指定截面上的第一个点,依照[对象(O)/Z 轴(Z)/视图(V)/XY(XY)/YZ(YZ)/ZX(ZX)/三点(3)]<三点>:选定任意一条剖切线的一个端点

指定平面上的第二个点:选定该剖切线的另一个端点

指定平面上的第三个点:.XY

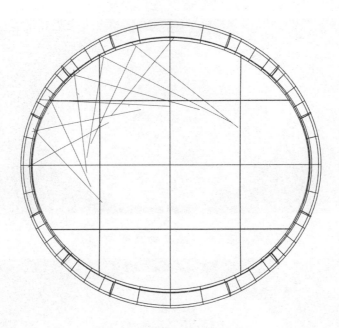

图 8-10　用来生成截面的直线

于:0

(需要 Z):100

转到西南等轴侧视图,可以看到这条切割线在"鸟巢"壳上生成的剖面,如图 8-11 所示。接下来我们要将这个剖面通过拉伸和切割变成一条钢结构。

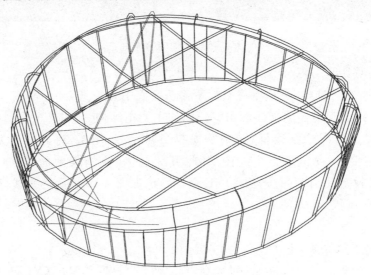

图 8-11　用某一条剖切线生成的截面

命令:EXTRUDE

选择要拉伸的对象或[模式(MO)]:选定该剖面,回车

指定拉伸的高度或[方向(D)/路径(P)/倾斜角(T)/表达式(E)]:3

使用三点定义新的用户坐标

指定新原点<0,0,0>:选定该剖切线的一个端点

在正 X 轴范围上指定点:选定剖切线的另一个端点

在 UCS XY 平面的正 Y 轴范围上指定点:选定向上为 Y 轴方向,坐标系如图 8-12所示。

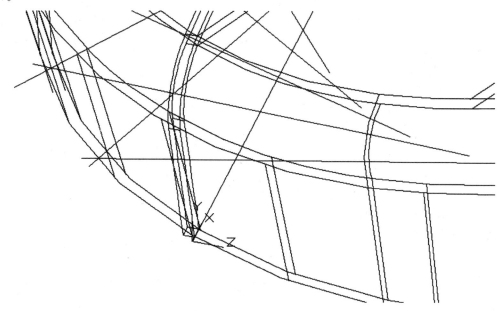

图 8-12　将坐标系建立在截面上

命令:MOVE

选择对象:该钢结构,回车

指定基点或[位移(D)]<位移>:任取钢结构上一点

指定第二个点或<使用第一个点作为位移>:1.5

向正 Z 方向偏移 1.5

命令:SLICE

选择要剖切的对象:选定该钢结构,回车

指定切面的起点或[平面对象(O)/曲面(S)/Z 轴(Z)/视图(V)/XY(XY)/YZ(YZ)/ZX(ZX)/三点(3)]<三点>:YZ

指定 YZ 平面上的点<0,0,0>:选定剖切线在 X 轴正方向上的端点

在所需的侧面上指定点或[保留两个侧面(B)]<保留两个侧面>:选定钢结构靠坐标系的侧面。由此我们得到一条主桁架,如图 8-13 所示。

由此我们得到了第一根钢结构,接下来用同样的方法,利用剩下剖切线,全部生成钢结

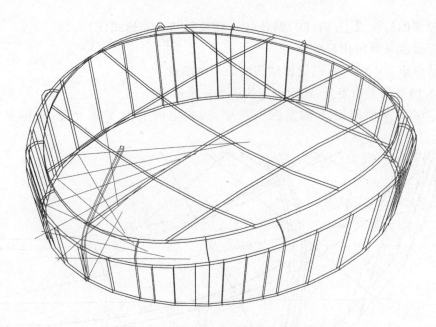

图 8-13   通过拉伸和切割命令生成主桁架

构。转到俯视视图,效果如图 8-14 所示。

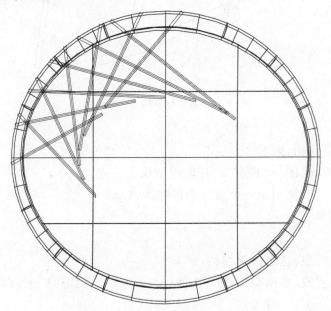

图 8-14   用同样的方式生成的主桁架

关闭"主桁架剖切线"图层

命令:MIRROR3D

选择对象:选定这 12 根钢结构,回车

选定镜像平面(三点)的第一个点或[对象(O)/最近的(L)/Z 轴(Z)/视图(V)/XY 平面(XY)/YZ 平面(YZ)/ZX 平面(ZX)/三点(3)]<三点>:YZ

指定 YZ 平面上的点<0,0,0>:选定"鸟巢"壳的中心点

是否删除源对象?[是(Y)/否(N)]<否>:回车

命令:MIRROR3D

选择对象:选定镜像后的 24 根钢结构,回车

选定镜像平面(三点)的第一个点或[对象(O)/最近的(L)/Z 轴(Z)/视图(V)/XY 平面(XY)/YZ 平面(YZ)/ZX 平面(ZX)/三点(3)]<三点>:ZX

指定 YZ 平面上的点<0,0,0>:选定"鸟巢"壳的中心点

是否删除源对象?[是(Y)/否(N)]<否>:回车

由此,我们得到了"鸟巢"的 24 根主要的桁架,如图 8-15 所示。

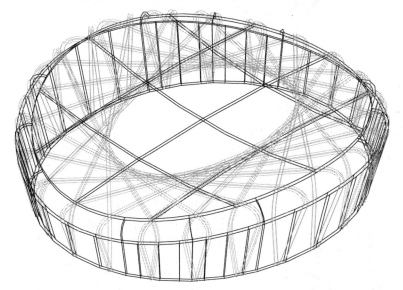

图 8-15 通过镜像命令得到所有主桁架

(8)在"鸟巢"壳顶盖镂空,在顶盖画出多段线为主要桁架作连接。

关闭"主桁架切割面"图层,打开"主桁架剖切线"图层,创建图层,将其命名为"镂空层",并将其定为当前图层,转为俯视视图,用多段线 PLINE 命令将切割线的交点连接,并将该多段线复制两个在原处,如图 8-16 所示。转到西南等轴侧视图。

命令:EXTRUDE

选择要拉伸的对象或[模式(MO)]:选定该多段线,回车

指定拉伸的高度或[方向(D)/路径(P)/倾斜角(T)/表达式(E)]:200

命令:SUBTRACT

选择对象:选定"鸟巢"壳,回车

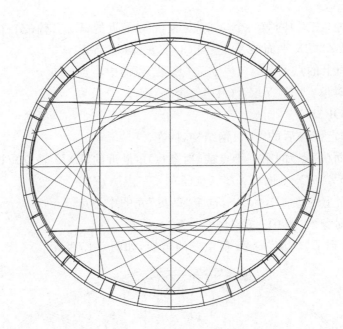

图 8-16 用多段线命令得到近似椭圆的多段线

选择要减去的实体、曲面和面域

选择对象:选定拉伸后的多段线,回车

由此,我们得到了镂空后的"鸟巢"壳,如图 8-17 所示,然后关闭"主桁架剖切线"图层。

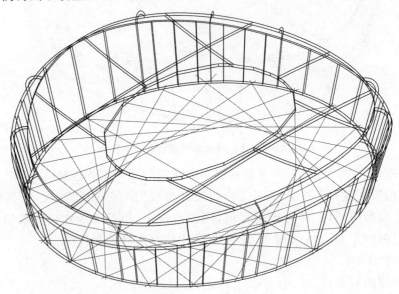

图 8-17 差集后的"鸟巢"壳

命令:SCALE

选定对象：选定刚才复制的多段线中的一条多段线，回车

指定基点：该多段线的中心

指定比例因子或［复制（C）/参照（R）］：0.8

命令：EXTRUDE

选择要拉伸的对象或［模式（MO）］：选定复制后的另一条多段线和缩小后的多段线，回车

指定拉伸的高度或［方向（D）/路径（P）/倾斜角（T）/表达式（E）］：15

命令：SUBTRACT

选择对象：选定外侧拉伸后的多段线，回车

选择要减去的实体、曲面和面域

选择对象：选定内侧拉伸后的多段线，回车

命令：MOVE

选择对象：刚才拉伸并相减的环形实体，回车

指定基点或［位移（D）］＜位移＞：任取一点

指定第二个点或＜使用第一个点作为位移＞：72

向 Z 轴正方向平移后，如图 8-18 所示。

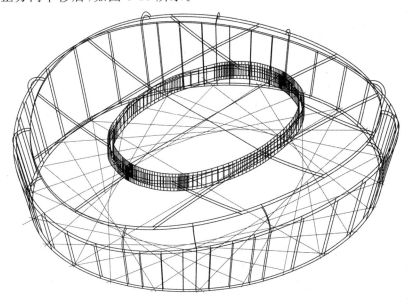

图 8-18　用于连接的环形实体

（9）在横向和纵向为"鸟巢"添加次要桁架。

我们将用与前面画出主桁架一样的方法画出"鸟巢"的次要桁架。

创建四个新图层，分别将其命名为"左视切割线"和"左视切割面"，颜色选定为蓝色；"前视切割线"和"前视切割面"，颜色选定为紫色。以"左视切割线"为当前图层，关闭"镂空

层"图层和"主桁架剖切线"图层,转为左视图。在"鸟巢"壳上根据自己的爱好画出直线,不宜多于 15 条,少于 8 条,如图 8-19 所示。随后选定"左视切割面"为当前图层。

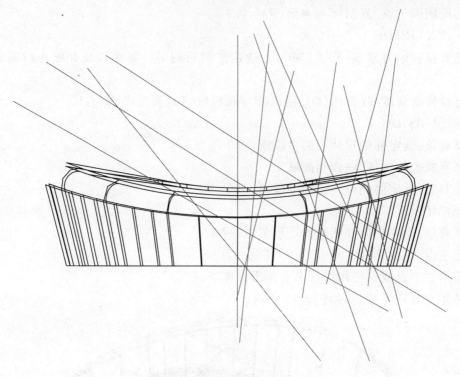

图 8-19 任意画出的左视图剖切直线

命令:SECTION

选择对象:选定"鸟巢"壳,回车

指定截面上的第一个点,依照[对象(O)/Z 轴(Z)/视图(V)/XY(XY)/YZ(YZ)/ZX(ZX)/三点(3)]<三点>:选定任意一条直线的一个端点

指定平面上的第二个点:选定该直线的另一个端点

指定平面上的第三个点:.XY

于:0

(需要 Z):100

通过生成截面的方法将剩下的直线也切割"鸟巢"壳生成截面,关闭"左视切割线"图层。

命令:EXTRUDE

选择要拉伸的对象或[模式(MO)]:选定被剖切后生成的蓝色截面

指定拉伸的高度或[方向(D)/路径(P)/倾斜角(T)/表达式(E)]:3

命令:MIRROR3D

选择对象:选定所有蓝色截面

选定镜像平面(三点)的第一个点或[对象(O)/最近的(L)/Z轴(Z)/视图(V)/XY平面(XY)/YZ平面(YZ)/ZX平面(ZX)/三点(3)]<三点>:YZ

指定YZ平面上的点<0,0,0>:选定左视图中"鸟巢"壳中线的任一点

是否删除源对象?[是(Y)/否(N)]<否>:回车

转到前视图,选定"前视切割线"图层为当前图层,将"左视切割线"和"左视切割面"图层关闭。用同样的方法画出在前视视图上的次要桁架截面,最后效果如图8-20所示。

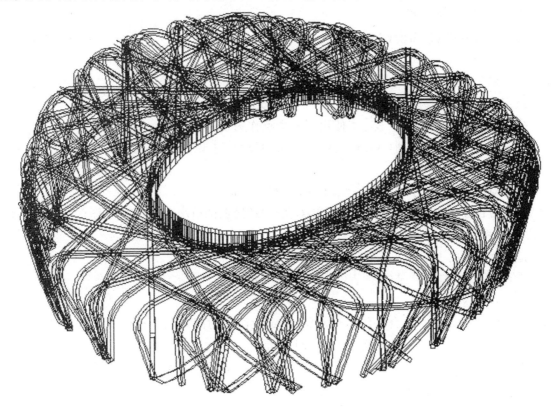

图8-20 全部的"鸟巢"钢结构

(10) 画出底座,跑道和看台。

转到俯视视图,命令:ELLISPE

指定椭圆弧的轴端点或[中心点(C)]:任取一点

指定轴的另一个端点:<正交开> 333

指定另一条半轴长度或[旋转(R)]:147

命令:EXTRUDE

选择要拉伸的对象或[模式(MO)]:选定刚才画的椭圆,回车

指定拉伸的高度或[方向(D)/路径(P)/倾斜角(T)/表达式(E)]:7

接着我们来画跑道。

画一条长为 48 的水平线,命令:LINE

命令:_line 指定第一点:任取一点

指定下一点或[放弃(U)]:48

命令:ARC

指定圆弧的起点或[圆心(C)]:选定长为 48 的水平线的左端点

指定圆弧的第二个点或[圆心(C)/端点(E)]:C

指定圆弧的圆心:50

指定圆弧的端点[角度(A)/弦长(L)]:_l 指定弦长:100

命令:CO

选择对象:长为 48 的水平线,回车

指定基点或[位移(D)/模式(O)]<位移>:选定该线的左端点

指定第二个点或[阵列(A)]<使用第一个点作为位移>:100

指定第二个点或[阵列(A)/退出(E)/放弃(U)]<退出>:＊取消＊

命令:MIRROR3D

选择对象:选定刚才画的两条线段一个圆弧,回车

选定镜像平面(三点)的第一个点或[对象(O)/最近的(L)/Z 轴(Z)/视图(V)/XY 平面(XY)/YZ 平面(YZ)/ZX 平面(ZX)/三点(3)]<三点>:YZ

指定 YZ 平面上的点<0,0,0>:选定线段的右端点

是否删除源对象?[是(Y)/否(N)]<否>:回车

命令:JOIN

选择源对象或要一次合并的多个对象:选定镜像后的四条线段和两个圆弧,回车

由此我们得到了跑道的轮廓,如图 8-21 所示。

图 8-21　跑道的轮廓

用 HATCH 命令填充,图案选择为 SOLID,颜色的真彩色数据为:250,140,129

命令:OFFSET

指定偏移距离或[通过(T)/删除(E)/图层(L)]:11

选择要偏移的对象,或[退出(E)/放弃(U)]<退出>:选定该环形线

指定要偏移的那一侧上的点,或[退出(E)/多个(M)/放弃(U)]<退出>:单击内侧

命令:OFFSET

指定偏移距离或[通过(T)/删除(E)/图层(L)]:1

选择要偏移的对象,或[退出(E)/放弃(U)]<退出>:选定内侧的环形线

指定要偏移的那一侧上的点,或[退出(E)/多个(M)/放弃(U)]<退出>:单击内侧

用此方法再画出偏移距离为 1 的 10 条环形线,然后用矩形 RECTANG 命令在中心画出草坪方框,填充色为绿色,将跑道部分平移到底座顶面的中心,如图 8-22 所示。

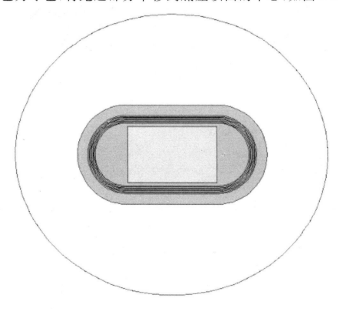

图 8-22　跑道

接着我们画看台。新建一个图层,将其命名为"看台",颜色选定为青色,并以"看台"图层为当前图层。先以跑到中心画一个长轴为 335.6、短轴为 196.6 的椭圆,并向 Z 轴正方向平移 10 个单位。

命令:LOFT

按放样次序选择横截面或[点(PO)/合并多条边(J)/模式(MO)]:选定刚才画的椭圆

按放样次序选择横截面或[点(PO)/合并多条边(J)/模式(MO)]:选定跑道轮廓的椭圆,回车

由此,我们得到了底座、跑道和看台,将所有桁架和连接桁架的钢圈平移到底座正上方,最后效果如图 8-23 所示。

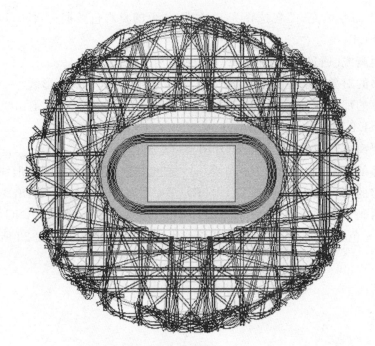

（a）俯视图

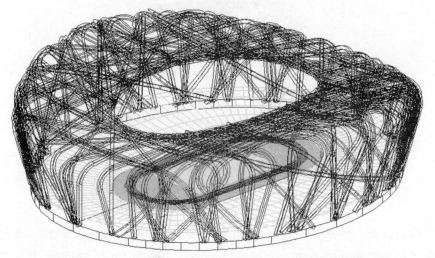

（b）西南等轴侧视图

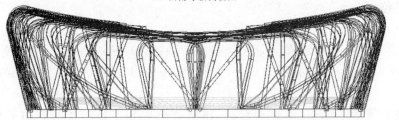

（c）俯左视图

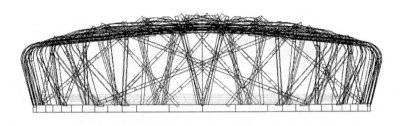

（d）前视图

图 8-23 "鸟巢"的四个视图

最后，我们加上点颜色渲染效果，将图层"镂空层"、"主桁架剖切面"、"前视切割面"、"左视切割面"和"底座"的颜色换种颜色。具体操作为：打开图层颜色，点击真彩色选项卡，在颜色模式的下拉选项中选择 RGB，红（R）、绿（G）、蓝（B）分别为 172、172、208，点击确定；再选择视图——二维线框——着色，由此我们得到了经渲染效果后的"鸟巢"，如图 8-24 所示。

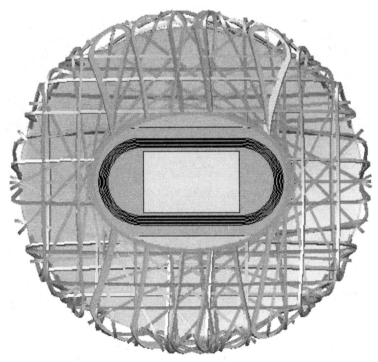

（a）俯视图

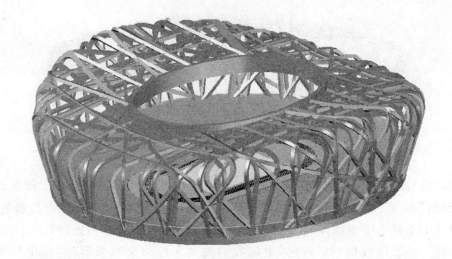

（b）西南等轴侧视图

（c）左视图

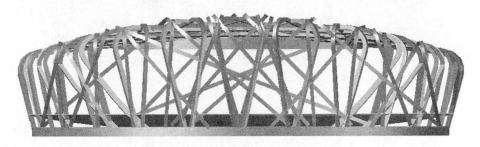

（d）前视图

图 8-24 上色渲染后的"鸟巢"

第三部分

深入地运用 AutoCAD

在本书的最后一部分，将学习如何深入地运用 AutoCAD。第9章，"用户自定义AutoCAD命令"，将学习如何装载和使用随AutoCAD一起来的实用程序以及如何定义自己的AutoCAD命令。第10章，"进一步地探讨AutoCAD开发"，给你展示了如何活学活用AutoLisp这个编程语言，以及感性了解AutoCAD ActiveX Automation的功能。第11章，"用户自定义AutoCAD菜单及工具栏"，展示了如何使AutoCAD适应自己的工作方式。第12章，"用户自定义AutoCAD线型及图案"，介绍了用户如何定义自己需要的线型及阴影图案。

第9章
用户自定义 AutoCAD 命令

AutoCAD 是一个强大的程序,它为提高工作效率提供了许多手段。但是,即使具备了这些有效的手段,有相当的一些情况仍需进一步地自动化。在这一章,将介绍 AutoCAD 的用户自定义命令功能。首先,将装载并运行几个已有的 AutoLISP 程序。接下来,将学习如何通过定义新的命令或设置命令别名的方法快速访问最常用命令。

9.1 启动 AutoLISP

大多数高级的 CAD 软件包提供了宏或程序语言来帮助系统用户自定义功能。AutoCAD 采用 AutoLISP 语言,它是通用的人工智能语言 LISP 的简化版本。Autodesk Development System(ADS)和 Autodesk Runtime Extension(ARX),允许 C/C++程序员开发实用程序和完整应用程序与 AutoCAD 联合应用。除非是专业开发用户,否则你不一定有机会深入 ADS/ARX。然而,AutoLISP 能提供给中间的和高级的 AutoCAD 用户许多便利。

掌握和使用 AutoLISP 并不需要很高深的计算机的理论,相反,在很多方面,AutoLISP 程序只是一套 AutoCAD 可帮助你建立自己应用程序的命令。当然这必须遵循一套特定的规则,但这也是很普通的。总之,必须学一些 AutoLISP 命令使用的基本规则,例如:如何启动命令以及如何使用选项等。

9.1.1 装载和运行 AutoLISP 程序

在很多有关 AutoCAD 的书籍和杂志上你都能得到一些小的但非常有用的 AutoLISP 程序,通过 Internet 网络你更是可以非常容易地下载到非常多的免费的 AutoLISP 实用程序。这些程序用 ASCII 文本文件的格式并带有.LSP 后缀。在使用.LSP 文件之前,必须装载它们。下面是步骤:

(1) 启动 AutoCAD 并打开一个新文件。

(2) 选择菜单[管理]→[加载应用程序]。"加载/卸载应用程序"对话框出现了(图 9-1)。

(3) 选定 ACAD 目录下的 Support 目录。

(4) 选定 Support 目录的 3darray. lsp 文件。

图 9-1　加载/卸载应用程序对话框

（5）双击 3darray.lsp 或点击"加载"按钮,下方显示信息为"已成功加载 3darray.lsp。"。

（6）命令行上键入 3darray,即提示"选择对象",这时选择一个对象,依次按提示输入各参数,即可三维阵列该对象。

注:关于 3darray 命令,详见命令参考,同时,该命令是直接自动加载的,这里主要是演示一下加载应用程序的用法。可以加载的程序包括 ARX 和 EXE 等应用程序。

9.1.2　使用加载/卸载应用程序对话框

加载/卸载应用程序对话框为管理使用 AutoLISP 等实用程序提供了方便。正如从前面的练习中看到的,可以使用这个对话框容易地查出并选择实用程序。

选定"添加到历史记录"情况下,按字母顺序显示以前加载的应用程序(名称)列表。可以从文件列表或任何允许文件拖动的应用程序(例如 Windows 资源管理器)将文件拖放到这一列表中。如果没有选择"添加到历史记录"选项卡而将文件拖放到这个列表中,该文件只是被加载而不会添加到历史记录。

启动组包含一个应用程序列表,AutoCAD 每次启动都将加载这些应用程序。同样,可以从文件列表或任何允许文件拖动的应用程序(例如 Windows 资源管理器)将应用程序可执行文件拖放到"启动组"区域,以便将其添加到"启动组"中。单击"启动组"图标或"内容"选项,将显示"启动组"对话框。在"历史记录列表"选项卡中选定应用程序并单击右键,将显示快捷菜单。从中选择"添加到启动组",这样也可将应用程序可执行文件添加到"启动组"中。

9.2　用 AutoLISP 建立宏命令

用户可以写一些自己的简单的 AutoLISP 程序,来建立宏命令。宏就像命令文件,预先定义好的键盘的输入响应。通过宏,可以使对命令的特定的使用变得非常的简单快捷。例如,在实际编辑图形时,常要使用 Copy 命令来生成实体的"原地"拷贝,即不作任何偏离的拷贝。在 AutoCAD 中可以为这个任务快速建立宏命令:

(1) 打开任意一个图形文件,并在命令提示下键入下列内容:

(defun c:DP( ) (command "_copy" "pause" "@" "@"))

(2) 接下来,键入 DP。拷贝(COPY)命令将启动并提示选择一个实体。

(3) 单击一个实体。该实体立即生成了一份拷贝,但由于实体位置相同,不能看出,可以使用 Move L 看到该拷贝。见图 9-2。

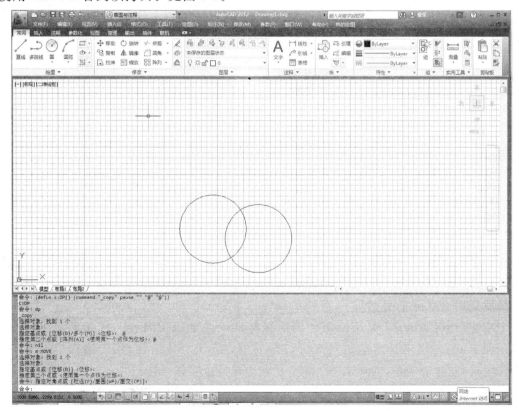

图 9-2　DP 命令使用示例

刚才你已写了并运行了你的第一个 AutoLISP 宏！让我们仔细地来研究一下,这个非常简单的 AutoLISP 程序,参见图 9-3。像所有的 AutoLISP 程序一样,首先是一个括号,接下来就是写 defun。defun 是一个 AutoLISP 函数,它用来建立新的 AutoLISP 函数或 AutoCAD 命令,它后面跟着命令名(这里是 DP)。这个命令名是以 C：作前缀的,这告诉 defun 这个命令可以从命令提示行访问。如果省略了 C：,你将必须以括号启动 DP 命令,如(DP)。

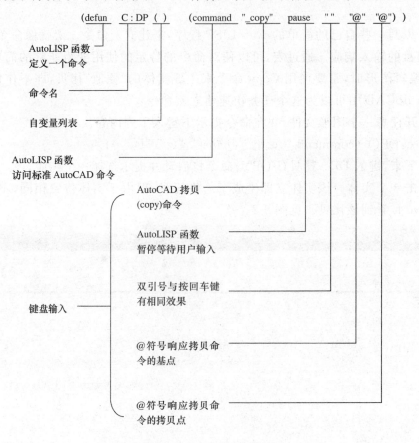

图 9-3　DP 宏命令的分解

在命令名之后是一对开放和关闭的括号,这称为变量列表。在这里暂不讨论它的细节,只须记住括号必须紧跟在命令后面。

最后是用一对圆括号括住一系列单词。以词 command 开始,command 是 AutoLISP 的一个功能,告诉 AutoLISP 下面跟随的内容与常规键盘输入内容一样处理。在 DP 宏中只有一项 Pause——不是键盘输入部分,Pause 是 AutoLISP 函数,用于通知 AutoLISP 暂停等待输入,在这个宏中,AutoLISP 暂停下来选择一个实体来拷贝。

注意键盘输入字符必须用引号括着,但是 Pause(暂停功能)不需要引号,因为它是一个常规的 AutoLISP 能够识别的函数。

最后,程序以两个右括号结束。在 AutoLISP 中所有括号必须平衡或对称,这样,两个右括号关闭了命令功能开始的左括号及在 defun 功能开始时用的左括号。

　　在命令提示下建立的 AutoLISP 程序，只在 AutoCAD 退出当前文件之前有效。如果想在下次编辑时再使用这个宏，必须重新输入，但可以把它拷贝到一个以 .LSP 为后缀的 ASCII 文本文件中，建立起永久的宏命令文件。下面的例子演示了这种做法，这里我们把 DP 宏直接写在文本文件中。

　　图 9-4 显示了我们建立的 cadm. LSP 文件的内容。这个文件包含了上面已经使用的 DP 宏以及其他的几个宏。例如，第三项，defun C：ZP，相当于输入 ZOOM 命令，并自动输入 P 选项，从而使 AutoCAD 自动回到前一个视图。图 9-5 显示了命令及它们的功能。

```
(defun C：DP() (command "_copy" pause ""　"@"　"@"))
(defun C：ZW() (command "zoom" "W"))
(defun C：ZP() (command "zoom" "P"))
(defun C：ZA() (command "zoom" "A"))
(defun C：ST() (command "stretch" "C"))
(defun C：FL() (command "fillet" "r" "0" "fillet"))
(defun C：BR() (command "break" pause "f"))
(defun C：BO() (command "break" pause "f" pause "@"))
(defun C：CO() (setq gp(ssget))(command "copy" gp ""　"@"))
(defun C：MV() (setq gp(ssget))(command "move" gp ""　"@"))
(defun C：CT() (setq gp(ssget))(command "change" gp ""　"P" "T"))
(defun C：MI() (setq gp(ssget))(command "mirror" gp ""　pause pause "N"))
```

图 9-4　CADm. LSP 文件的内容

命令	功能说明
DP	原地拷贝　COPY　@　@
ZW	ZOOM Window
ZP	ZOOM Previous
ZA	ZOOM All
ST	STRETCH(拉伸)
FL	以 0 为半径倒角
BR	BREAK(打断:两点)
BO	BREAK(在某一点处打断实体)
MO	MOVE @(移动)
CO	COPY @(拷贝)
CT	CHANGE THICKness(改变实体厚度)
MI	MIRROR(镜象:不删除镜象图)

图 9-5　cadm. LSP 文件提供的宏命令

　　使用字处理程序输入图 9-4 中的文本内容，给文件起名为 cadm. LSP，并且一定要以 ASCII 文本文件格式存盘。然后，无论何时想用这些宏命令时，不需要在命令提示行键入每个宏，而只需在第一次使用时一次装入 cadm. LSP 文件，它们对后续作图也有效。宏命令文件的装载就象本章前面装载 AutoLISP 例子一样。可以键入：

　　(load "cadm")

　　一经装入，就可以使用它包含的任何宏命令，只需键入宏的名字。例如键入 CT 将启动 CHANGE 命令修改实体厚度。

　　按照这种方式装载的宏命令在退出 AutoCAD 前一直有效。当然，也可以在启动 AutoCAD 时自动装载这些宏，只需在 Acad. LSP 文件中增加一行(load "cadm")。那样，在使用它时就无须关注是否已装载。

　　现在你已经有了一些 AutoLISP 的第一手的经验，希望这些例子将鼓励你更多尝试这个强大的工具。下一章将更详细地研究 AutoLISP，在这之前，让我们先探索一些 AutoCAD 的其他隐藏特征。

9.3　建立命令的别名

　　AutoCAD 的 Acad. PGP 文件提供了键盘缩写或捷径键(通过菜单[管理]→[自定义设置]→[编辑别名]可以直接打开 Acad. PGP 文件)，也称为别名(command aliases)。例如 ZOOM 命令，有一个别名 Z，可以在命令提示下键入 Z，ZOOM 命令将启动，就像键入了命令的全名或从菜单中选择一样。

　　通过编辑 Acad. PGP 文件可以容易地建立所需命令的别名。Acad. PGP 中已有的部分别名可见图 9-6、图 9-7 所示。

标准命令(Standard Command)

别名	命令全名
A	ARC(圆弧)
C	CIRCLE(圆)
CP	COPY(拷贝)
DV	DVIEW
E	ERASE(擦除)
L	LINE(线)
LA	LAYER(层)
M	MOVE(移动)
MS	MSPACE(模型空间)
P	PAN(平移)
PS	PSPACE(图纸空间)
PL	PLINE(曲折线)
R	REDRAW(重画)
Z	ZOOM(缩放)
SERIAL	_pkser

图 9-6　Acad. PGP 文件中的标准命令别名

尺寸命令(Dimensioning Commmand)

别名	命令全名
DIMALI	DIMALIGNED
DIMANG	DIMANGULAR
DIMBASE	DIMBASELINE
DIMCEN	DIMCENTER
DIMCONT	DIMCONTINUE
DIMDIA	DIMDIAMETER
DIMED	DIMEDIT
DIMTED	DIMTEDIT
DIMLIN	DIMLINEAR
DIMORD	DIMORDINATE
DIMRAD	DIMRADIUS
DIMSTY	DIMSTYLE
DIMOVER	DIMOVERRIDE
LEAD	LEADER
TOL	TOLERANCE

图 9-7　尺寸命令别名

　　Acad. PGP 可以通过下面的简单格式,修改现存的别名或增加所需的别名。首先键入别名,接着是逗号和一个空白,然后是以星号开始完整的命令名。这里是一个例子,使用 ZOOM 的别名:

　　Z, ＊ ZOOM

　　对于常常使用的几个命令,可用 AutoCAD 的别名功能来简化命令的输入,但不能用 Acad. PGP 建立宏。

第10章
进一步地探讨 AutoCAD 开发

上一章介绍了如何用 AutoLISP、建立 AutoCAD 的宏命令及如何使用 AutoCAD 命令别名,学习如何利用这一强大工具而无须真正知道内部工作的任何状态。在这一章里将学习更多的有关 AutoLISP 的知识,比如如何来保存诸如文字和点坐标的信息,如何建立灵活的宏。接着还要初步讨论 AutoCAD 的 ActiveX Automation,通过这项技术,你就可以在其他应用程序中(如 Visual Basic,Word,Excel,Delphi 等一切支持 Automation 的应用程序)直接操作 AutoCAD。

10.1 AutoLISP 即学即用

当在命令提示下键入信息,AutoLISP 解释程序就立即得出它的答案。

下面让我们更仔细地实践一下:

(1) 启动 AutoCAD 并任意打开一个新文件。只是用这个文件对 AutoLISP 进行实验,因此无须存盘。

(2) 在命令提示下键入(＋ 2 2),答案 4 便出现在提示行中。AutoLISP 已经计算了公式(＋ 2 2)并返回了答案:4。

通过这种方法键入信息,可以很快地执行计算或编写短的程序。

在第(2)步中使用的加号代表了一个函数,它是告诉 AutoLISP 的解释器做什么的指令,很大程度上,它像一个 AutoCAD 命令。函数的一个非常简单的例子是数学函数,如用＋号表示的加法函数。AutoLISP 有很多内部函数,并且也可以建立你自己的函数。

继续实践:

- 键入(＋ 2 3 4)

        含义为 2＋3＋4＝?

        结果为 9。

- 键入(＊ 2 3)

        含义为 2×3＝?

        结果为 6。

10.1.1　用 SETQ 赋值

或许你有一个具有内存的计算器，它可保存一个公式的值以备后用。用同样的方法，AutoLISP 解释器可使用变量保存数值。变量就是一个符号，例如 A，B，C，A123，delta 等，注意变量必须以字母开头，你可以把数值存放在变量中，这是通过一个 SETQ 的函数来实现的。以下是实例。

（1）在命令提示下，键入(setq A 3.14)。数值 3.14 正好出现在键入行的下面。A 变量的数值现在设置为 3.14。让我们检查一下并确证它。

（2）在命令提示下键入! A。正如期待的，数值 3.14 出现在提示中。

惊叹号(!)是在提示行提取 AutoLISP 变量值的一个特殊字符。在退出 AutoCAD 前，可以在任何时候得到 A 的数值，只要键入惊叹号和变量 A 则可。

不仅可在提示行使用数学公式，也可以同样方式使用存在变量中的数值。让我们看看如何使用变量 A 作为圆的半径。

（1）单击绘图工具栏上的创建圆按钮。

（2）在"指定圆的圆心"提示下，在屏幕的中心单击一点。

（3）在"指定圆的半径"提示下，键入! A。一个半径为 3.14 的圆出现了。用对象特性工具栏上的列表选项检查它，见图 10-1。

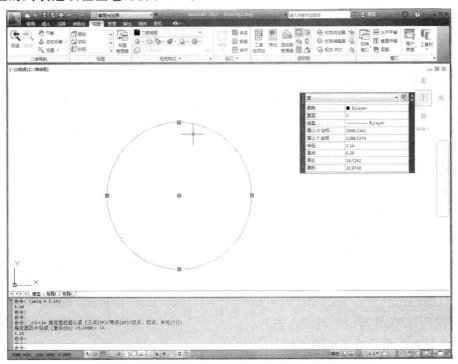

图 10-1　使用 A 变量作半径的圆

利用 Setq 不但能保存数值,还能保存变量能表示的其他类型的数据。

举例如下:

键入(Setq i 2),含义是将整数 2 赋予 i,i 是一个整型变量。这里,2 是一个整数,(Integers)应当注意整数和实数在 AutoLISP(计算机中大部分语言如此)的不同。当一个数学表达式只含有整数时,返回的计算值只有整数。例如,表达式(/2 3)意味着 2 被 3 除(/表示除法函数)。这个表达式返回的值为 0,因为 2 被 3 除的结果小于 1 再被取整后值为 0。整数最适合于计算和计数。数字 1,-12,144 都是整数。

再键入(/ 2.0 3),这里,2.0 是实数(Real Numbers),是包含小数的数字。当一个数学表达式包含实数,一个实数将被返回。所以,表达式

(/ 2.0 3)

返回的数值为 0.66667。实数尤其适合于精确性为很重要时的计算。实数的例子有 0.1,3.14159,-2.2。

键入(Setq text1"This is a book"),这里"This is a book"是一个字符串(Strings)。

字符串是文本数值,它们通常是用双引号括着。下面是几个字符串的例子:"1","George","Enter a Value"。

如数值一样,点坐标也可以存储并调用。坐标是两个或三个数的数值集,它们必须经过不同的处理。AutoLISP 提供了 Getpoint 函数来获取某点的坐标。尝试如下的练习,看它是如何工作的。

(1) 在命令提示下键入(getpoint),命令提示将暂时出现空白。

(2) 在屏幕的中部选择一点,在提示区,将看到选择的点的坐标。

此时,Getpoint 暂停 AutoCAD 的运行以等待选择点。点选好后,返回了以列表形式表示的点坐标。这个列表显示了用括号括起的 X,Y,Z 轴坐标。

可以使用 Setq 函数保存从 Getpoint 中得到的坐标。尝试下面的练习,看它是如何工作的。

(1) 键入(setq point1(getpoint))。

(2) 单击屏幕上的一点。

(3) 键入! point1。

这里,你保存了一个称为 point 1 的变量中的坐标列表。然后可以使用! 来调用 point 1 中坐标值。注意坐标值以列表的形式出现,X,Y,Z 值用空格分开的实数表示,而不是用逗号分开。

到此,已经知道数字、文本和坐标可赋给变量。Ssget 是一个可把一组实体赋予一个变量的函数,用下面的练习演示其工作过程:

(1) 在屏幕上画几条随机的直线。

(2) 键入(setq ss1(ssget))。

(3) 在 Select objects 提示下,使用任何标准的选择方法单击直线,就如在任何实体选

择提示下选择实体一样。

（4）完成了实体组选择后，键入回车。得到信息＜Selection set :n＞，这里，n 是一个整数值。

（5）启动 MOVE 命令，在实体选择提示下，键入！ss1。前面所选择的直线将被亮显。

（6）键入回车，然后单击两点来结束 MOVE 命令。

在这些练习中，选择的实体组已赋给了变量 ss1。就如调用其他变量一样可以使用！从命令提示行调用这个实体组。

10.1.2　表达式

在前面的练习中，使用了 setq 函数来给变量赋以不同类型的值。使用 Setq 的方法是所有函数的典型用法。

函数作用在自变量（arguments）上完成一项任务。函数计算数字的简单例子可用求 3.14 与 2.0 的积来说明，在 AutoLISP 中，这个函数的输入格式如下：

键入（ ＊　2.0　3.14）

返回的值为 6.28。这个公式称为表达式，它以左括号开始，然后是函数、自变量，最后以右括号结束。自变量可以是一个符号，一个数字，或一个列表。在表达式中，自变量数目根据函数的不同有的也可以有多个，如（＊　2　3.14　9）结果就是 2×3.14×9＝56.52。

自变量也可以是表达式，即可用嵌套表达式，如将 2×3.14 的值赋给变量 P2：

（Setq P2（ ＊　2　3.14））

这称为嵌套表达式，任何情况下，当表达式为嵌套时，先计算括号的最里一层，然后再计算外面一层括号，如此等等。在本例中，2 乘上 3.14 的表达式首先被计算。

函数中的自变量也可以是变量，例如，一个圆的半径为 9.0，下面我们来计算它的面积。使用 Setq 把值 9 赋给称为 R 的变量，步骤如下：

（1）键入（setq R 9.0）建立一个新的变量名为 R。R 保存着圆的半径。

（2）接下来，键入（ ＊　R　R）。返回数字为 81.0。

（3）键入（setq P 3.1415926）建立一个新的变量 P。

（4）键入（setq A（ ＊　P R R））首先计算内层括号内的值为 $P * R^2$，再将结果赋予一个新变量 A。A 中就是该圆的面积。

注意括号和引号的封闭性。

必须记住在使用嵌套表达式时封闭所有的括号。同样要注意在使用双引号时也应封闭字符串。

如果你得到一个提示，它是由一个数字和跟随其后的＞符号组成，例如：

2＞

这是 AutoLISP 提示，说明 AutoLISP 的表达式不完全。这个数字指出了你的表达式中缺少的括号或引号的数目。如果看到这个提示，必须按提示的数目键入括号或引号，以使它们成对出现。当括号或引号数目不对时，AutoCAD 将不会执行该 AutoLISP 程序。

10.1.3 自己动手编写简单的 AutoLISP 程序

至此，我们已经学会了如何使用 AutoLISP 做一些简单的运算和使用 AutoLISP 变量。当然，仅使用这些 AutoLISP 功能就能发挥很大的价值，但稍加努力，就可以做得更加的漂亮。下面将学习如何组合各种功能，编写一个简单的 AutoLISP 程序：通过矩形框画椭圆。

对于画椭圆，AutoCAD 提供了几种方式，但有时你也许需要一种特殊的方式，通过指定一个矩形框，画出它的内切椭圆。人工完成这个工程并不难，但却需要好几个步骤，下面要做的这个程序可以帮你轻松地完成这个工作！

1）启动文本编辑程序（如 Notepad），仔细地输入以下文本，要特别注意引号和括号的配对，前面的行号不要输入。

```
(1)     ;矩形内切椭圆
(2)     (defun C：re()
(3)     (setq pta(getpoint "Pick first corner："))
(4)     (setq ptb(getpoint "Pick second corner："))
(5)     (setq CX(/ (+(nth 0 pta)(nth 0 ptb))2.0))
(6)     (setq CY(/ (+(nth 1 pta)(nth 1 ptb))2.0))
(7)     (setq center(list CX CY))
(8)     (setq pt1(list(nth 0 pta)CY))
(9)     (setq pt2(CX(nth 1 ptb)))
(10)    (command "ellipse" "c" center pt1 pt2)
(11)    (princ)
(12)    )
```

仔细校对后，以 re.lsp 为文件名存盘。

注：你也可以使用 Visual LISP 来完成这个工作，更方便、更容易，作为开发工具，VLISP 提供了一个完整的集成开发环境（IDE），包括编译器、调试器和其他工具，可以大大提高自定义 AutoCAD 的效率。关于 VLISP 的完整的讨论，超出了本书的范围。在命令行上输入 VLISP，显示 Visual LISP 交互式开发环境（IDE）。

2）在 AutoCAD 命令行上键入（load "re.lsp"）

（若需要完整路径，则需要反斜杠，如 C：\my\re.lsp 则应写为（load "C：/my/re.lsp) 当然也可写为(load"C:\\my\\re.lsp"))

若显示(load "C：/my/re.lsp")，就可继续下面操作，否则，表明程序有明显的语法错误。这时就必须重新启动文本编辑器修改程序文本，回到第 1）步。

3）在命令行键入 re。

4）在 Pick firnt corner：提示下键入坐标 50,50 。

5）在 Pick second corner：提示下键入坐标 300,200 。

屏幕上将画出一个输入两点之间的矩形框的内切椭圆（图 10-2）。

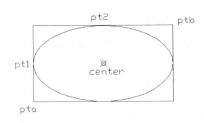

10.1.4　分析画矩形内切椭圆程序

图 10-2

这个程序几乎综合了前面学过的所有的 AutoLISP 的功能。让我们先了解一下它工作的大致过程：首先输入两点的坐标。由这两点坐标就可以算出它矩形中心的坐标，并进一步得到矩形左侧边的中点和顶边的中点的坐标。知道这些坐标后，就可以用画椭圆的命令（使用 Center 选项）直接将椭圆画出。图 10-2 显示了这个程序是如何工作的。接下来，我们将详细地分析这个程序。

第 1 行：

第 1 行是以分号（;）开头，在 AutoLISP 中表示注释，说明程序的功能，给程序加上适当的注释是一个良好的习惯，可以让其他人容易理解你的程序，便于维护和修改。

第 2 行：(defun C：re()

defun 函数是用来建立命令的函数。defun 函数后面的名字就是从键盘上输入的名字。"C："告诉 AutoLISP 用命令执行。如果省略了 C：，必须键入(re)来执行执行程序。一对空括用于自变量表，将在后面讨论。

第 3 行：(setq pta(getpoint "Pick first corner："))

这一行将取得的一个坐标值赋写 Pta。getpoint 是 AutoLISP 函数，使程序暂停下来并等待输入一个点坐标，完成后，getpoint 以表形式返回该点坐标。

使用 getpoint 函数可以不跟参数，直接使用(getpoint)，这样就没有任何提示，容易使使用者感到迷惑。好的习惯应当在交互步骤中给予一定的提示。在这里，在调用(getpoint)时使用提示文本作为参数，当 getpoint 函数执行时，就会提示"Pick first corner："说明现在应该做什么。

第 4 行：(setq pta(getpoint "Pick second corner："))

与第 3 行类似，它使用 getpoint 得到另一角的点的位置，然后将点赋于 ptb，程序取得两个角的坐标后，就可以进一步计算其他点的坐标。

第 5～7 行：

第 5 行至第 7 行的作用是求出矩形的中心点。因此程序必须从 pta 和 ptb 中提出它们的 X 和 Y 坐标，经过计算，再组合成中心点的坐标，为此要使用两个新的 AutoLISP 函数 nth 和 list。

nth 函数从指定的表中取出第 i 个元素，i 是调用 nth 必须指定的。例如：

(nth 0　'(A B C))

将返回表(A B C)中的第 0 号元素,即 A;注意 nth 的序号是从 0 开始计数的,而不是习惯上的 1。在程序的第 6 行中,(nth 0 pta)将返回 pta 的第 0 个元素,也就是习惯上的第一个元素,即 pta 的 X 坐标,而(nth 0 ptb)将得到 ptb 的 X 坐标。

如果你对 nth 还是不太明白,可以尝试做下面的练习:

(1) 键入(setq pt1(getpoint)),并注意选择一点,可以看到点取的坐标。

(2) 键入! pt1,确认 pt1 的内容。

(3) 键入(nth 0 pt1),得到 pt1 表示的坐标的第 0 个元素,即 pt1 的 X 坐标。

(4) 键入(nth 1 pt1),提取 pt1 的第 1 号元素,这就是习惯上的第 2 个元素,即 pt1 的 Y 坐标。你还可以再试一下(nth 2 pt1),看看能得到什么值。

第 5 行:最里层的(nth 0 pta)得到 pta 的 X 坐标,(nth 0 ptb)得到 ptb 的 X 坐标。外一层,(+(nth 0 pta)(nth 0 ptb))将得到 pta 的 X 坐标和 pab 的 X 坐标值的和。而再外一层,再将这一和除以 2,将结果赋予 CX。

如图 10-3 所示。

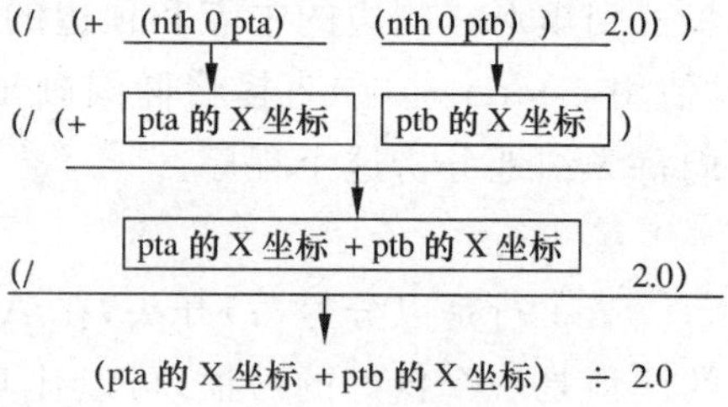

第 6 行:(setq CY(/ (+(nth 1 pta)(nth 1 ptb)) 2.0))原理和第 5 行类似,只不过它取得是坐标的 Y 坐标,最后计算得到的是(pta 的 Y 坐标+ptb 的 Y 坐标)/2,并赋予 CY。

图 10-3

第 5 行和第 6 行分别计算出 pta、ptb 两点 X 和 Y 坐标和的 1/2。CX、CY 其实就是矩形中心的 X、Y 坐标值。

第 7 行:将 CX 和 CY 坐标值组合成 AutoLISP 中坐标的表示形式,即表形式,这就需要使用表函数(list)了。其表达式形式为

(list CX CY)

该函数只简单地将它的自变量组为一个表,例如,这里将得到由 CX、CY 组成的坐标表:

(CX CY)

本行中将此坐标表赋给变量 center。

第 8 行:(setq pt1(list(nth 0 pta)CY))

nth 函数取出 pta 的 X 坐标与中心点的 Y 坐标 CY 一起,由 list 组成一个新的坐标,即 pt1 点坐标。

第 9 行:(setq pt2(CX(nth 1 ptb)))

与第 8 行类似,由中心 X 坐标 CX 与 ptb 的 Y 坐标组成 pt2 的坐标。

第 10 行:(command "ellipse" "c" center pt1 pt2)

通过 command 函数告诉 AutoCAD 使用画椭圆命令 ellipse,"C"表示使用中心点选项,其后指定中心点 Center,以及两点 pt1、pt2,画出椭圆。

至此，要画的椭圆已经画出，但下面还有一行。

第 11 行：(princ)

princ 函数可以以字符串作为参数，将字符串输出到命令提示区中，是 AutoLISP 中常用的输出信息函数。princ 也常不带任何参数地用在函数最后，这时，它将在命令提示区域显示一个空字符。

在这里，princ 函数就是这个用途，你可以尝试把它去掉（可以在第 11 行前加″;″将其注释掉，看看执行的效果有什么不同）。

注：(princ)这行去掉后，程序最后再提示输出 nil，很不美观，加上后，nil 就没有了。这是因为一个自定义函数的返回值就是它最后一个函数的返回值。而 command 总是返回 nil，(princ)返回空字符。

10.2　AutoCAD ActiveX Automation 初步

10.2.1　什么是 AutoCAD ActiveX Automation

ActiveX Automation(过去曾经被称为 OLE Automation)是 AutoCAD 的一个全新的编程接口。通过使用 Automation 的编程环境，如 Visual Basic，Excel，Word，Delphi 等，可以开发出宏或第三方的应用程序。通过 Automation，AutoCAD 开放了对象，而这些对象可以由 Automation 的控制器(如 Visual Basic 或 Excel 等)来操纵。

因此，通过 Automation，你可以在任何一个可以作为 Automation 控制器的应用程序中创建或操纵 AutoCAD 对象。这样，一种 AutoLISP 没有的功能，跨应用的宏编程就可以实现，多个应用的程序可以集成到一个应用程序中。

一个 ActiveX Automation 服务器通过对象(Object)的方式显露自己的功能。对象其实就是服务器程序片断的抽象表示，它可以是应用程序本身、被应用程序管理的文档，或者是应用程序接口的一部分(如工具栏)。一个对象与其他对象的区别在于以下三条：

- 对象的类型(type)或类(class)
- 对象的方法(method)
- 对象的属性(properties)

对象的属性是描述该对象的特征，对象的方法是可以执行的各种操作。服务器应用程序可以选择对象上的一些属性和方法，以通过 ActiveX Automation 来使用它。

例如，AutoCAD 作为一种 ActiveX Automation 服务器，可以提供的一种对象就是 Line 实体。毫不奇怪，这代表一张 AutoCAD 绘图上的一条直线。如果你直接在 AutoCAD 中工作，一条直线的属性就包括几种可以进行设置的东西。Line 实体的几种属性包括：

- 颜色

- 层
- 始点
- 终点
- 线宽

直线的方法包括在 AutoCAD 用户界面中你能对直线做的事情:

- 拷贝
- 擦除
- 镜象
- 平移
- 旋转

10.2.2 一个最简单的例子

一般程序设计语言的第一个例子都是在屏幕上显示一句话"Hello,World!"下面我们也将来实现这个简单的功能。如果你对 Automation 有一定的了解,你一定会发现这个例子相当容易理解。而对于没有经验的读者,也可以通过这个例子,得到一点感性的认识。可用 Automation 控制器有许多种,作为例子,这里使用较为流行的 Visual Basic 语言。

第一步:变量申明。

```
Public acadApp As Object        The AutoCAD application object
Public acadDoc As Object        The AutoCAD document (drawing) object
Public moSpace As Object        The model space object collection
Public paSpace As Object        The paper space object collection
```

如果你的工程中包含多个窗体或模块,就应当如上面一样申明为全局变量,使得各个模块均可共享;反之若只有一个窗体,则可以申明在窗体的局部申明部分。

第二步:通过 Application 对象与 AutoCAD 相联。

下面的代码通过创建一个 Application 对象,使得 Visual Basic 程序与 AutoCAD 相联。

```
On Error Resume Next
Set acadApp = GetObject(, "AutoCAD. Application")
If Err Then
    Err. Clear
    Set acadApp = CreateObject("AutoCAD. Application")
    If Err Then
        MsgBox Err. Description
```

```
        Exit Sub
    End If
End If
```

如果 AutoCAD 正在运行，Get Object()函数返回了 AutoCAD Application 对象；如果 AutoCAD 不在运行，会发生一个错误，这个错误被俘获并被释放。然后，Geate Object 函数试图去创建一个 AutoCAD Application 对象，如果成功了，AutoCAD 将被启动，如果失败了，将显示出一个出错信息。

一旦成功地得到 AutoCAD Application 对象，就可以使用它的丰富的属性和方法。例如：

```
acadApp. Visible = True
```

将使 AutoCAD 变得可见（缺省为不可见）。
又如：

```
acadApp. Top = 0
acadApp. Left = 0
acadApp. Width = 400
acadApp. Height = 400
```

改变 AutoCAD 窗口的大小为 0，0-400，400。
第三步：在 AutoCAD 中创建图形对象。

即可以在模型空间创建图形对象，也可以在图纸空间创建图形对象。它们分别需要使用模型空间对象（Model Space）和图纸空间对象（Paper Space）。这两个对象都可以从当前文档对象中取得。下面的例子是用模型空间来创建文本。

```
Set AcadDoc = acadApp. ActiveDocument;
Set moSpace = acadDoc. ModelSpace
Dim insPnt(0 To 2) As Double         'Declare insertion point variable
Dim textHgt As Double                'Declare text height variable
Dim textStr As String                'Declare text string variable
Dim textObj As Object                'Declare text object variable
insPnt(0) = 200                      'Assign X value to insertion point
```

```
insPnt(1) = 100                          'Assign Y value to insertion point
insPnt(2) = 0                            'Assign Z value to insertion point
textHgt = 20                            'Set text height to 1. 0
textStr = "Hello World!"                'Set the text string
                                        'Create the text object

Set textObj = moSpace. AddText(textStr, insPnt, textHgt)
```

以上代码使用 Model Space 的 Add Text 方法在屏幕的 200，100 处创建高为 20 的文本对象。

至此,我们已经完成了这个简单的例子,可以看得出 AutoCAD Automation 的接口比起 AutoLISP 来更加直观易懂。

AutoCAD 的定制更加容易,因此,如果你对 AutoLISP 感兴趣,那你一定会对 Auto-CAD ActiveX Automation 感兴趣,更多关于 AutoCAD ActiveX Automation 可以参见 ACAD 的帮助文件 ActiveX Automation 条目。

第11章
用户自定义 AutoCAD 菜单及工具栏

　　AutoCAD 能够取得成功,一个重要的原因在于它的适应性。AutoCAD 允许用户根据需要制作系统的界面,从而提供了更高的灵活性和用户个性化,提高了用户的工作效率。

　　在这一章里,将讲述用户如何自定义 AutoCAD 菜单及工具栏。首先介绍比较直接的工具栏的定制方法,然后再介绍如何改变菜单以适应工作的需要。

11.1　定制工具栏

　　定制工具栏是一种使你的 AutoCAD 使用更加得心应手的简单、直接而又非常有效的方法,通过简单的操作,用户就可以建立新的工具栏、新的用户化按钮,甚至创建新的图标。下面你将发现,这一切都是很容易的。

11.1.1　自定义用户界面初步

　　首先了解一下如何简单地控制工具栏的显示或隐藏。由于工具栏占据了较多的屏幕空间,因此没有人会把所有的工具栏同时显示在屏幕上,这就要求在需要时显示工具栏,平时不需要时,隐藏工具栏。

　　在任意的工具栏上按鼠标右键,则弹出所有工具栏的选择菜单,若工具栏名称前有一个勾,表面该工具栏已经处于显示状态。选中菜单项,会改变该工具栏的显示或隐藏状态。

　　对于浮动工具栏,若要将它关闭,只需单击工具栏左上角的叉即可。

　　下面我们了解一下"自定义用户界面"对话框。"自定义用户界面"对话框包含了定义工具栏的所有命令,可以创建新的工具栏,删除工具栏等。同时,自定义对话框中控制了自定义的其他各种界面交互元素,包括菜单、工作空间、面板等,一旦单击对话框中"应用"或"确定",修改的界面元素立即会进行更新。

　　选择菜单[管理]→[自定义设置]→[用户界面],"自定义用户界面"对话框出现了。

　　选择"工具栏"项。在工具栏列表框列出了当前"所有自定义文件"中的所有工具栏,通过顶部的下拉框中可以选择当前自定义文件。见图 11-1。

　　自定义文件选项中包括"所有自定义文件"、"主 CUI 文件(acad. cui)"、"custom. cui"。

图 11-1　自定义对话框工具栏项

"主 CUI 文件(acad. cui)"是 AutoCAD 基本系统的界面定义,平常使用的界面都由它定义。"custom. cui"定义文件是用于用户自定义的界面元素,一般为了避免改变主自定义文件,用户自定义使用 custom. cui 自定义文件(或者另外定义其他文件)。

　　注:"自定义用户界面"对话框也可以通过在命令行输入命令 cui,或者右键单击工具栏或工作面板,并选择"自定义"(或"自定义命令")。

11.1.2　建立自己的工具栏

　　特定的用户往往常用的是非常有限的一些命令,但这些命令大多在不同的工具栏中,因而常常需要从一个工具栏换到另一个工具栏。如果建一个自己的工具栏,将常用的命令集中在一起,那就方便多了。为了避免改变主自定义文件,可以使用 custom. cui 独立自定义文件。下面将介绍如何建立自己的工具栏。

　　选择菜单[管理]→[自定义设置]→[用户界面],"自定义用户界面"对话框出现了,在对话框的[主 CUI 中的自定义]区顶部的下拉列表中选择 custom. cui。

　　(1) 右键单击"工具栏"项,并选择[新建工具栏],在新的工具栏名称中键入"我的工具"。见图 11-2。

　　(2) 然后按[应用]按钮。一个空白的工具栏出现在屏幕上。

图 11-2　新建工具栏对话框

（3）在对话框的[主 CUI 中的自定义]区顶部的下拉列表中选择[所有自定义文件]。在对话框中"命令列表"区中，注意分类下拉列表中有 AutoCAD 命令分类，而"命令"列表中相应地显示命令工具。选择分类，比如选择绘图。见图 11-3。

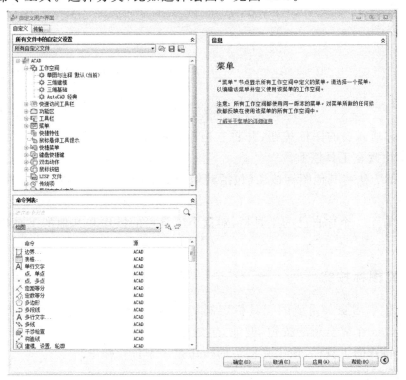

图 11-3　自定义对话框命令页

（4）在下边的命令列表框中选择绘图工具，比如矩形。见图 11-4。

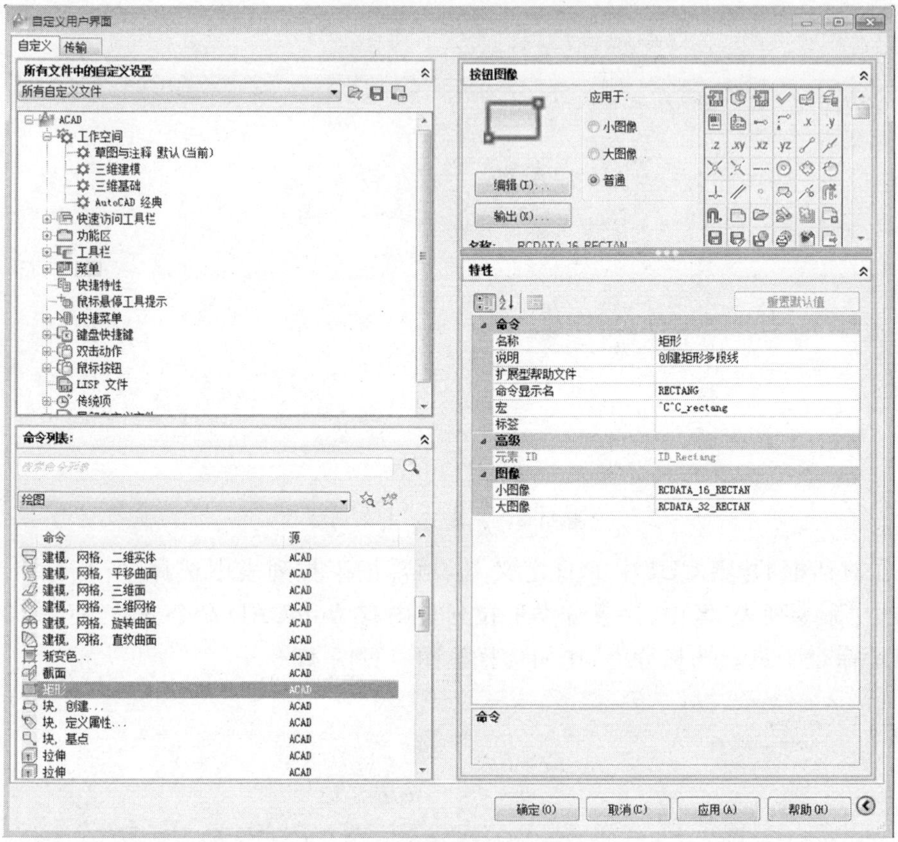

图 11-4　自定义工具栏添加按钮

（5）按住你所需要的图标按钮，并将它拖到你刚才建立的新的工具栏"我的工具"上。图标按钮立即出现在工具栏上。

（6）同样的方法将其他图标按钮（包括其他分类下的）加到"我的工具"栏上，最后退出自定义对话框。

现在你就有了一个你自己的工具栏，对这个工具栏的操作和其他的工具栏的操作是完全一样的。

11.1.3　定义图标按钮

现在让我们学习更加重要的工具栏定制功能：自定义图标按钮。假定想用 AutoCAD 具有的功能建立一个完全新的按钮，例如，想建立一系列按钮，用它可插入特定的符号；或者想建立一个特殊的工具栏，该工具栏上的按钮是用于打开弹出。

1. 建立用户按钮

在下面的一套练习中，你将建立一个能插入门符号的用户钮，并将该用户钮加到刚才建立的工具栏中。

（1）选择菜单［管理］→［自定义设置］→［用户界面］，"自定义用户界面"对话框出现了。

（2）在对话框"命令列表"页中，可以按分类选择命令，单击任一个命令，在对话框的右边会出现该命令特性的页面。

（3）在对话框"命令列表"页中，单击"创建新命令"按钮，在对话框的右边会出现创建新命令的页面。

让我们首先来看一下命令特性页（图 11-5）。

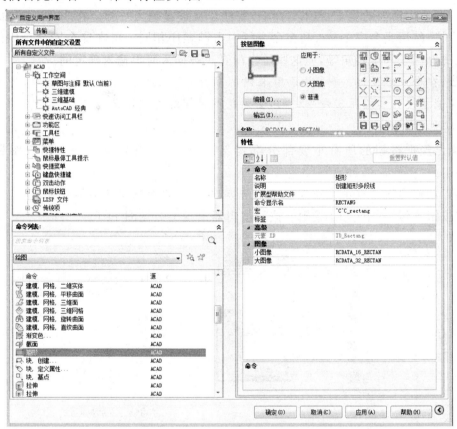

图 11-5　自定义对话框命令特性页（显示矩形命令）

名称：名称输入框用于输入命令名。这个名字将以工具提示名出现，所以一般不要起太长的名字。

说明：在名称下面的说明输入框用来增加一个帮助信息，这个信息将出现在 AutoCAD 的状态行中。

宏：宏是命令的核心区，可以在此键入以后要用的宏命令。

图像：其中有大图像和小图像两项，分别表示大图标和小图标，可以在"按钮图像"页中选择或创建编辑，下面还会专门讲。

现在让我们继续为这个按钮增加一个宏命令和新的图标。

(1) 在名称输入框中键入门,这将是些按钮的工具名。

(2) 在说明输入框中,键入插入一个门,这将是此按钮的帮助信息。

(3) 在宏输入框,键入如下一行:

^c^c-insert door

注意两个^c 已经出现在 Macro 输入框中,代表两个取消操作的 Cancel 键。这等同于键入两个 Escape 键,以确保当宏命令启动时,它取消任何未完成的命令。

跟在两个^c 后面的是-INSERT 命令,等同于从键盘输入一样。在-INSERT 命令之后,有一个空格,然后是名字 Door,和在命令行中击键顺序相同。可在这个宏命令中继续加入插入点、比例因子和旋转角等,但这些是当门真正被插入时再输入确定的。

警告: 在命令后面键入时,必须用准确的顺序,这一点是很重要的,否则,宏命令将出错。在测试新按钮和编辑宏命令之间,必须花些时间练习和调整。

2. 建立用户图标

前面已经把按钮的所有重要部分都定义了,现在只需要建立一个用户图标来建立门钮。

注: 可以使用图像框中的任何预定义图标,只要单击想选用的图标即可。

在"按钮图像"页中单击[编辑],按钮编辑器出现了。见图 11-6。

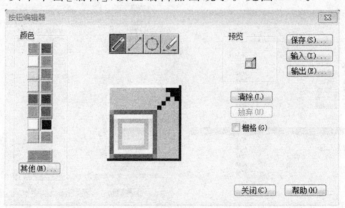

图 11-6　按钮编辑器对话框

按钮编辑器就像一个非常简单的绘图程序。上部的一行是画直线、圆、点以及橡皮擦的工具,右边是调色板,从这里可以为用户图标按钮选择颜色。在左上方,可看到用户按钮的预视图。下面描述其他选项。

栅格——在作图区域打开或关闭网格,网格可以帮助绘制用户化图标。

清除——擦除整个绘图区域内的内容。

打开——打开.BMP 文件来输入一个图标,BMP 文件必须足够小,以便适用于图标通用的 16×16 像素矩阵(大图标是 32×32)。

另存为…——用键入的名字把用户图标作为.BMP 文件存盘。

保存——以 AutoCAD 提供的名字把用户图标存盘,通常是一系列数值和字母。

关闭——退出按钮编辑器。

帮助——显示关于按钮编辑器的帮助信息。

让我们继续建立新的图标。

(1) 画一个门的图标。如果画的不好也不用担心,因为可以不断地返回并修改它。

(2) 单击保存,然后单击关闭。

(3) 在特性页中,图像特性(包括大图像和小图像)选择刚才保存的图标文件。

(4) 现在单击自定义对话框的单击应用,将会看到用户图标出现在命令列表中。

(5) 在新的工具栏上单击门按钮。门出现在你的图形中,只须将它放在合适的位置。

警告:在插入门按钮之前,门的图形必须在缺省的路径中,或在 Acad 搜寻路径中。

可以在工具栏上继续增加更多的用户按钮来建一个专用符号板。当然,这种方式并不仅限于符号库,也可以联合使用常用的宏命令或 AutoCAD 工作中积累的 AutoLISP 程序,因而你很快就会发现这是一个非常容易而且又非常强大的功能。

3. 设置弹出的功能

就像给工具栏增加新按钮一样,也可以增加弹出,弹出是另一种简单形式的工具栏。下面的练习演示了如何把 UCS 工具栏(当然也可以是你自己定义的工具栏)作为弹出放在你的工具栏上,然后调节弹出的功能。

(1) 选择菜单[管理]→[自定义设置]→[用户界面],"自定义用户界面"对话框出现了。

(2) 在对话框的[主 CUI 中的自定义]区顶部的下拉列表中选择"主 CUI 文件 acad.cui"。在工具栏一项选中"UCS",按鼠标右键,选择"复制"。

(3) 在对话框的[主 CUI 中的自定义]区顶部的下拉列表中选择 custom.cui。在工具栏一项选中"我的工具",按鼠标右键,选择"粘贴","UCS"工具栏就被拷贝复制到"我的工具"的工具栏内作为弹出。

(4) 点击对话框按钮"应用",使修改起作用,这时会发现"我的工具"工具栏中多出了一个 UCS 弹出。

让我们看一下弹出按钮上提供的各种选项。

用鼠标左键单击刚加进用户工具栏的弹出按钮 UCS,对话框中右边自动显示为"弹出特性"页(图 11-7)。

注意这个弹出特性页与前面练习中使用的按钮特性页很相像,但它不是宏命令输入,而是按钮工具栏列表。

图 11-7　自定义对话框弹出特性

11.2　增加用户的下拉式菜单

除了可以增加用户自己的工具栏,AutoCAD 还可以增加用户自己的下拉菜单,下面我们将学习如何制作自己的下拉菜单。

11.2.1　查看已有的下拉菜单

了解自定义下拉菜单的最好的方法是查看已有系统的菜单定义,从而有一个快速的认识。

(1) 选择菜单[管理]→[自定义设置]→[用户界面],"自定义用户界面"对话框出现了。

(2) 在对话框的[主 CUI 中的自定义]区顶部的下拉列表中选择"所有自定义文件"(或"主 CUI 文件 acad. cui")。

（3）选择菜单这一项，可以看到目前菜单的定义（图 11-8）。

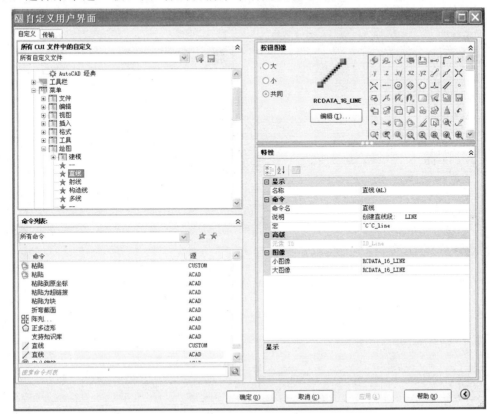

图 11-8　自定义用户界面菜单定义

一个菜单的关键就是菜单项，菜单项和工具栏的按钮定义是一样的，下面我们将动手做一个菜单。

11.2.2　建立自己的下拉菜单

（1）选择菜单［管理］→［自定义设置］→［用户界面］，"自定义用户界面"对话框出现了。

（2）在对话框的［主 CUI 中的自定义］区顶部的下拉列表中选择"custom. cui"）。

（3）选择菜单这一项，右键弹出菜单，选择"新建菜单"。

（4）新菜单名称输入"我的绘图"。

（5）选择并复制所需要的命令，粘贴到"我的绘图"菜单上。也可以用拖放的方式。

（6）点击对话框按钮"应用"，使修改起作用，这时就会发现下拉菜单最后多了"我的绘图"的菜单项（图 11-10）。

我们可以方便地加入菜单命令项，其中关键作用的是菜单宏的定义，下面举几个典型的小例子，并做简单的分析：

图 11-9　"我的绘图"菜单定义

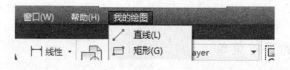

图 11-10　加入我的绘图后的菜单

［线］^c^c_line

［继续画线］^c^c_line；；

［圆］^c^c_circle

［弧］^c^c_arc

［弧（起点、终点、切线）］^c^c_arc _e _d

［原地复制］^c^c(if (not c:dp)

　　(defun c:dp(/ ss1) (setq ss1 (ssget))

　　(command "copy" ss1 "" "@" "@")));dp

［定义选择集］^c^c(setq ss2 (ssget))

［使用选择集］! ss2

11.2.3 菜单如何工作

1. 调用命令

现在看一看列表中的线菜单，跟在方括号后面的两个 Ctrl-C(^C)命令将取消任何当前操作的命令。当处于两级命令中时，就需用两个取消命令。跟在后面的是 Line 命令，如同键盘输入方式。

LINE 命令之前的下划线告诉 AutoCAD 使用了该命令的英语版本，这个特征提供了使用英语的命令名来定制 AutoCAD 的非英语版本菜单。

或许你注意到在第二个 ^C 和 New 命令之间没有空格。空格起回车的作用，如果在二者之间有一个空格，就像在最后一个 Ctrl-C 和新命令之间插入了回车键，这就会导致命令序列的错误。

另一个指示回车的方法就是使用分号，如下面的例子所示：

［继续画线］^C^CLINE;;

在这个例子的菜单选项中，启动了 LINE 命令，却增加了一个额外的回车，这个选项的作用是使在图形中接着上一条直线再划一条直线。LINE 及后面的两个分号告诉 Auto-CAD 启动 LINE 命令，然后将执行回车两次，从上一次键入线条的终点开始另一个线条（AutoCAD 自动在菜单行的末尾键入单个的回车。然而，在这种情况下，若要两个回车，必须以两个分号表示两个回车键）。

要点：当在一个菜单宏中许多回车，使用分号代替空格将使宏命令更易被读懂。

2. 暂停等待用户输入

另一个在菜单文件中使用的字符是反斜杠(\)，表示暂停等待用户输入。例如，当在 Mymenu 中选择了 Arc-SED 选项，便启动 Arc 命令然后为等待用户输入而暂停。

［弧（起点、终点、切线）］^c^c_arc _e _d

在^c^c_arc 和\之间的空格表示键入了空格键，反斜杠指明了允许选择圆弧开始端点需暂停等待选点。一旦选择了圆弧开始点，_e 表示在 Arc 命令下选择终点。第二个反斜杠允许选择另外一个点。最后，_d 表示了方向选项。图 11-11 中作了说明。

注：在命令名和选项输入前的下划线告诉 AutoCAD 键入的这些命令是英语版本。

如果菜单条目中的最后一个字符是反斜杠，必须在反斜杠后面接一个分号。

［原地复制］^c^c(if (not c:dp)

　　(defun c:dp(/ ss1) (setq ss1 (ssget))

　　(command "copy" ss1 "" "@" "@")));dp

这个例子显示了如何在菜单中增加 DP 这个 AutoLISP 宏命令。在这个段落中，所有的字符就像从键盘输入一样。

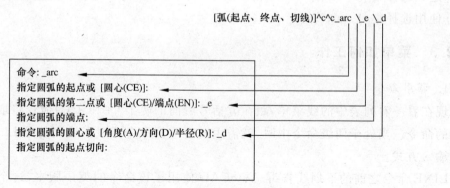

[弧(起点、终点、切线)]^c^c_arc _e _d

命令: _arc
指定圆弧的起点或 [圆心(CE)]:
指定圆弧的第二点或 [圆心(CE)/端点(EN)]: _e
指定圆弧的端点:
指定圆弧的圆心或 [角度(A)/方向(D)/半径(R)]: _d
指定圆弧的起点切向:

图 11-11　弧(起点、终点、切线)菜单项的执行

第12章
用户自定义 AutoCAD 线型及图案

12.1　建立用户线型

当图形需要扩展时,或许会发现标准线型和阴影线图案不能满足应用的需要。幸运的是,用户可以建立自己的线型和应用图案。这一节解释如何建立用户线型。

12.1.1　显示现有线型

虽然 AutoCAD 提供了在作图中通用的线型,但用户有时还是想要一个完全新的线型。要建立一个用户线型,可使用 LINETYPE 命令。让我们首先列出现有的线型,学习这个命令是如何工作的。

（1）打开一个新的 AutoCAD 文件。

（2）在命令提示下键入-Linetype。

（3）在［?／创建(C)/加载(L)/设置(S)］:提示下,键入?。

（4）在文件对话框里,从线型文件列表中找到并双击 ACAD,便得到了如图 12-1 所示的列表,它显示了 Acad. LIN 文件中的所有线型以及每种线型的简单描述。

图中的线条是由下列线键和名点生成的,仅是真实线条的粗略表示。

注释: AutoCAD 在 Acad. LIN 文件中保存线型,该文件是 ASCII 格式。建立一个新的线型后,实际上是把线型加到这个文件中。如建立用户定义的新线型文件,必须用. LIN 作后缀。也可以按下面的方法编辑线型,或者可以直接在文件中编辑线型。

12.1.2　建立新线型

接下来,尝试建立新线型。

（1）在［?／创建(C)/加载(L)/设置(S)］:提示下,键入 C。

（2）在输入要创建的线型名:提示下,键入 Mylt 作为新线型的名字。

（3）注意下面看到的文件对话框的名字是"创建或附加线型文件"。需要键入想要建立

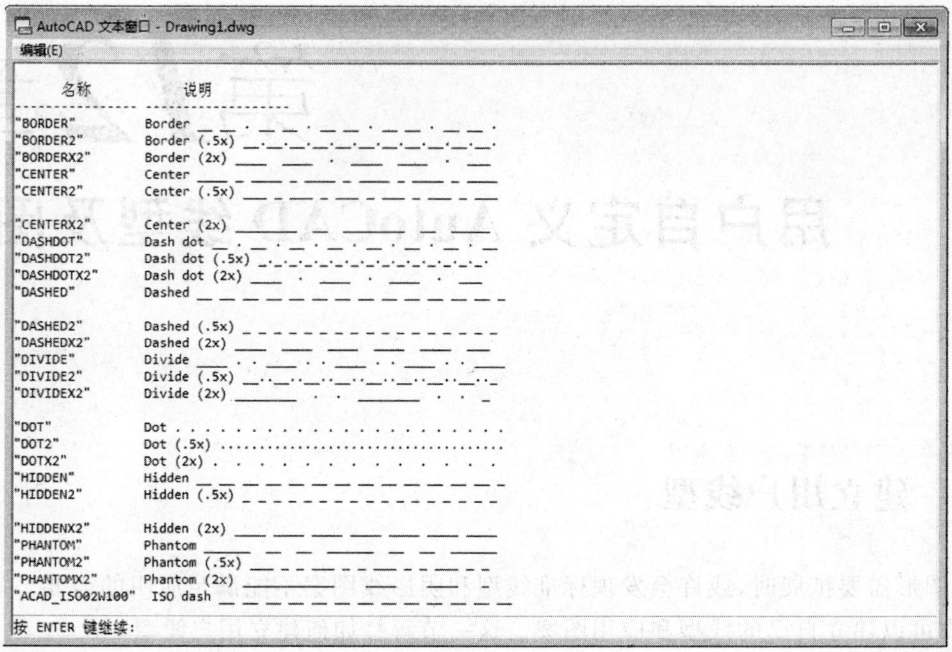

图 12-1　标准线型列表

或增加的线型文件名字。如果选择了缺省的线型文件 ACAD,新线型将增加到 Acad. LIN 文件中。如果单击建立一个新的线型文件,AutoCAD 将打开一个新文件,并给建立的文件名加上. LIN 扩展名。

(4) 让我们假定需建一个新的线型文件;在文件名输入框中键入 Newline。

要点:如果接受了缺省的线型文件 ACAD,第 5 步的提示为:请稍候,正在检查线型是否已定义...这可以避免因不小心覆盖一个已存在的并且需要保存的线型。

(5) 在说明文字:提示下,键入一段描述新线型的文字。可以使用任何键盘字符作为描述的一部分,但真正的线型只能由线条、点、空格组成。在这个练习中,键入:

自定义中心线_____—_____使用下划线键来生成上面的线条样式。

(6) 在输入线型图案（下一行）:提示下,键入下面的数字（在自动出现的 A 之后）:

1.0, —.125, .25, —.125

(7) 在[? /创建(C)/加载(L)/设置(S)]:提示下,键入回车退出 LINETYPE 命令。

记住,建立了一种线型后,为了使用它必须装载它。

线型代码

在前面练习的第(6)步你键入了一系列的以逗号隔开的数字,这是线型代码,表示组成线型的不同成分的长度。线型代码分隔元素解释如下:

• 如图 12-2 所示,A 后面的 1.0 是线条第一部分的长度（以 A 开始的线型定义适用于所有线型的代码）。

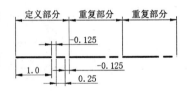

- 第一个－.125 是线条的空白或折断部分。减号告诉 AutoCAD 空出一特定长度,在本例占 0.125 个单位。

- 接下来是正值 0.25。这告诉 AutoCAD 在空白之后画一个长度为 0.25 单位的线条。

- 最后一个负值,－.125,再次告诉 AutoCAD 空白 0.125单位长。

图 12-2　用于绘图仪绘出线条的线型描述

注:0 表示一点。

你或许想知道线型代码开始前的 A 有什么作用。一个线型是由一系列的线条段和点组成的。AutoCAD 自动支持的"A"表示一个强制线型以线条段开始和结尾,而不是以空白开始和结尾。此时,AutoCAD 拉伸了最后一个线条段来强制满足这种条件,如图 12-3 所示。

正如本节开头提到的,也可以在 AutoCAD 之外建立线型,使用一个字处理器或文本编辑器,如 Windows Notepad。标准的 Acad. LIN 文件看起来像图 12-1。这是前面看到的同样的文件,只是增加了 AutoCAD 使用的代码,用来决定线条段长度而已。

图 12-3　AutoCAD 在必须时可拉伸线条的开始和结尾

通常地,要使用已经建立的线型,必须先装载它,通过层(Layer)或线型(Linetype)对话框([格式]→[图层　…],或[格式]→[线型　…])装载。如果你经常用自定义的一种线型,或许可建立一个宏命令图标,将该图标放在菜单的选项中以方便使用。

12.1.3　建立复杂的线型

复杂的线型组合了文本的特殊的图形。例如,如果想在一个工地的地下平面图中显示地下煤气管线,通常显示为带有插入 G 文字的线条,如图 12-4 所示。篱笆线通常以插入 X 的线条表示。

要生成复杂线型的图形,可以使用 AutoCAD 字体文件中的任何符号。利用这些字体符号可以建立一种字型,然后通过线型描述中的相应字母来指定合适的符号。

要建立一个含有文字的线型,可采用与前面一节中建立新线型同样的步骤,然后在方括号中增加必需的字体文件信息。例如,假定想建立前面提到的地下煤气管线的线型,须将下面的文字加到 Acad. LIN 文件中:

＊GAS,Gas line ---- G ---- G ----

A,1.0,－0.25,["G",standard,S＝.2,R＝0,X＝－.1,Y＝－.1],－0.25

方括号中的信息描述了线型的特征。你想要的线型中的文字被括在引号中,接着是字型、比例、旋转角度、X 位移和 Y 位移。

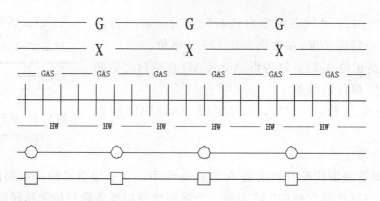

图 12-4　复杂线型的例子

可以把旋转角度(R 值)替换为 A,如下面的例子中:

a,1.0,−0.25,['G',standard,S=.2,A=0,X=.1,Y=.1],−0.25

这样可使文字与线条的方向无关。注意在这个例子中,X 和 Y 值都是−.1,这将使 G 位于线条的中心。比例值.2 将导致文字高度为.2 单位,因此−.1 为文字的一半高度。

除了指定字体,也可以为线型定义指定形状,形状显示符号而不是字母。形状不是以图形的形式储存,而是存为定义文件,类似于文本字体文件。事实上,形状文件采用与文本相同的.SHX 扩展名,并且定义也类似。

要使用线型代码的形状,可以使用与前面文本文件相同的格式;然而不再使用字母和格式名字,却使用形状名和形状文件名,如下所示:

＊Capline,＝＝＝＝

a,1.0,−0.25,[CAP,ES. SHX,S=.2,R=0,X=−.1,Y=−.1],−0.25

本例中使用 Es. SHX 形状文件中的 Cap 符号。符号的比例为.2 单位,旋转为 0,并且 X 和 Y 的位移都是−.1。

12.2　建立阴影线图案

AutoCAD 提供了几个可以用单击选取的预定义阴影线图案(图 12-5),但也可以建立用户自己的阴影线图案。这一节来说明图案定义的基本元素。

与线型不同,使用 AutoCAD 命令不能建立阴影线图案。图案定义存在一个名为 Acad. PAT 的外部文件中。这个文件可以用一个能处理 ASCII 文件的文本编辑器打开并编辑,如,用 Windows Notepad。这里是该文件中的一个阴影图案的定义:

＊ANGLE,Angle steel

0,0,0,0,6.985,5.08,−1.905

90,0,0,0,6.985,5.08,−1.905

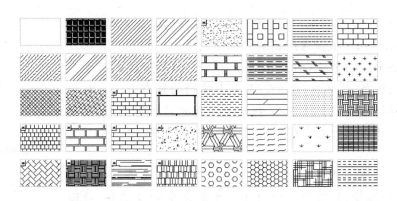

图 12-5　标准阴影图案示例

可以看到图案描述和线型描述的类似性。它们都以描述性文字开始,并给以数字值来定义图案。然而,图案描述中的数字有不同的含义。这个例子显示了两行信息,每行表示了图案的一行。第一行决定了图案的水平线成分,第二行表示了垂直线成分。图 12-6 显示了本例中定义的阴影线图案。

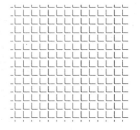

图 12-6　方格图案

图案是由线群组成的。一个线群就像线型按特定距离排列在一起,来填充阴影线区域。

线群是由线条代码定义的,就象线型的定义。例如,在角铁图案中,使用了一条水平的和一条垂直的线段,每条线都按最终组合成角铁图案的方式被复制了。图 12-7 说明了这点。

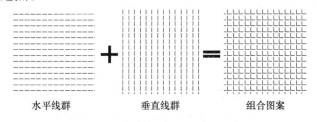

水平线群　　　　垂直线群　　　　组合图案

图 12-7　单独的和组合的线群

看定义的第一行:

0,0,0,0,6.985,5.08,−1.905

这个例子显示了一系列被逗号分割的数字,它表示了一个线群。它确实包含了以空格分开的四套信息:

· 第一个成分是开始的 0。这个数值指示了线群的角度,它是由线条方向决定的。在本例中 0 表示一条从左到右的水平线条。

· 第二个成分是线群的原点,0,0。但这并不意味着线条真正从图形原点画起(图12-8)。它给出一个参考决定生成图案有关的其他线条的位置。

• 接下来是 0，6.985。这决定了线条排列的间距以及方向，如图 12-9 所示。这个值就像用相对坐标指出了矩形方阵的 X 和 Y 距离。它不基于绘图坐标，而是相对于线条方向的坐标。对于一个方向为 0°的线条，代码 0，6.985 表示为精确的垂直方向。对于方向为 45°的线条，代码 0，6.985 表示 135°方向。在本例中，因为 X 值是 0，矩形重复排列发生在相对于线群 90 度的方向上，图12-10 说明了这点。

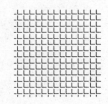

图形原点 (0，0)

图 12-8　图案的原点

• 最后一个数是真正定义线条图案的。这些值等价于建线型时的值，正值是线段，负的值是空格段。线群定义的这部分，就像在前面一节中学习的线型定义一样。

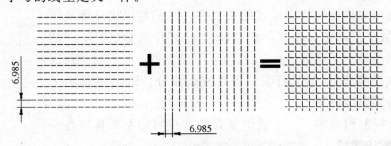

图 12-9　复制的距离和方向

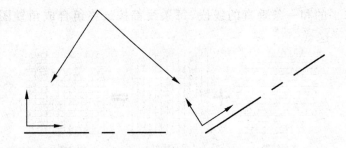

图 12-10　线群拷贝的方向是如何决定的

阴影线图案定义系统看起来或许有局限性，但可以利用它做很多工作。AutoCAD 内建有许多种图案，这仅仅是很小的部分。